Sıcaklık Bozulmaları

Mars gezegeninin terörizm, yağış ve borsa çöküşleri üzerindeki etkisinin bilimsel analizi

Boston'lu Anthony

Bu kitap, Mars gezegeninin yerçekimi çekimi yoluyla karasal meseleler üzerinde nasıl etki uyguladığını açıklamak için güvenilir bilimsel analiz kullanan üç farklı akademik makaleye ayrılmıştır. Bu yerçekimi etkisi, sıcaklık bozulmalarını etkiler ve bu da iklimi ve insan davranışını etkiler. Bu, korelasyonun %100'e yakın olduğu tahmin modellerine bilimsel gerçekleri uygulamamızı sağlar. Sonuç olarak, verilerden korelasyonun aslında nedenselliği gösterdiği sonucuna varabiliriz.

İlk iki makale, İsrail'e yönelik roket saldırıları ile borsa çöküşleri arasındaki ilişkiyi gösteren verilerin, Mars gezegeninin Dünya'ya göre konumu, astrofizik düzeydeki fizik, meteorolojik sonuçlar ve belirli davranışlar sergileyen karasal organizmaların biyolojik süreçleri üzerindeki etkileri arasındaki bağlantının kanıtı olduğuna dair bilimsel gerekçeler ve kanıtlar sunmaktadır.

Üçüncü makale, Ay ve Mars'ın hizalanmasıyla Orta Doğu'daki aşırı yağış olaylarının zamanlaması arasında bir bağlantı olduğunu varsayan akıllıca gözlemler yapıyor.

Bu kitap, araştırmanın bilimsel temelini açıklamak için 2014 ve 2024'teki çalışmalara atıfta bulunuyor. Her iki çalışma da gök cisimlerinin hareketlerini hava değişimlerine ve iklime bağlıyor. Diğer çalışmalar hava değişimlerini insan davranışına bağlıyor. Hepsi Mars gezegeninin yörüngesine kadar izlenebilir.

Bölüm I

2019'da, 2005'e kadar uzanan roket fırlatma verilerini kullanarak, İsrail'in düşmanlarının saldırıları, bu saldırıların yoğunluğunu artırmaya karar verecekleri zamanı tahmin etmenin kolay olduğu bir şekilde gerçekleştirdiklerini keşfettim. Bir takvim yılı içinde (Ocak-Aralık) Mars'ın ay düğümüne 30 derece yakın olacağı zamanları gözlemleyerek, Gazze'den İsrail'e roket ateşinin yılın geri kalanına göre artması arasında güçlü bir korelasyon bulabildim. 2005'ten beri Gazze militanlarının, Mars ay düğümüne 30 derece yakın olduğunda en yüksek yoğunlukta roket ateşi yaptıkları keşfedildi. Yıllarca süren başarılı tahminlerden sonra, bu konuyu açıklığa kavuşturmaya yardımcı olacak bilimsel bir açıklama sunmam garanti altına alındı. Öncelikle, Mars'ın insan davranışı üzerindeki etkisini araştırmaya başlamanın temelini ve gerekçesini sunmama izin verin.

Mars Etkisi, ilk olarak 1955 yılında Fransız araştırmacı Michel Gauquelin tarafından ortaya atılan, Mars gezegeninin konumu ile spor şampiyonlarının itibarı arasındaki bağlantıyı destekleyen istatistiksel kanıtlar sunan bir tezdir. Kanıtlar, Mars'ın önemli spor şampiyonlarının astrolojik haritalarının kilit bölgelerinde görünmesinin istatistiksel açıdan önemli olduğunu göstermiştir. Gauquelin haritayı 12 sektöre bölmüş ve binlerce elit sporcunun astrolojik haritaları üzerinde yaptığı araştırmada, Mars'ın yükselen sektör ve doruk sektör adı verilen kilit sektörlerde şanstan daha büyük bir olasılıkla konumlandığını keşfetmiştir. Bir gezegenin 12 sektörden 2'sinde şansa dayalı olarak görünmesinin temel oranı %17'dir. Gauquelin'in kapsamlı veri örneklerinde, Mars %22'lik bir sıklıkta görünmüştür; bu, tesadüften daha fazlasıdır ve dolayısıyla - diğer tüm olası anlamları bir kenara bırakarak - Mars'ın bir etkisi olması gerektiği anlamına gelir. Dolayısıyla bu bulgu, Mars etkisine olan inancı mantıklı kılmak için yeterlidir.

Profesör Suitbert Ertel 1980'lerde ortaya çıktı ve spor referans kitaplarında belirli bir sporcunun atıf sayısını sayarak üstünlüğü hesaplamak için bir kriter geliştirdi. Atıf sayısı ne kadar fazlaysa üstünlük de o kadar fazlaydı. Gauquelin'in koleksiyonunu kendi üstünlük kriterleriyle birlikte kullanarak yaptığı testte, Mars etkisinin daha yüksek atıf sayısına sahip sporcular arasında daha güçlü bir rol oynadığını buldu ve Gauquelin'in Mars'ın önemli spor şampiyonlarının haritalarındaki kilit sektörlerde daha sık göründüğü hipotezini doğruladı. Gauquelin'in çalışmasının önemi, astrolojinin bilimsel olarak ilk kez dikkate alınmasıydı. Gauquelin ve Ertel'in çalışmaları, Mars'ın etkisine olan inancı haklı çıkaracak kadar güçlü bir kıvılcımdır ve bilime ve deneysel verilere dayalı yeni bir sistemin oluşumu için güçlü bir temel sağlar.

Gauquelin ve Ertel Mars'ın etkisini bilimsel bir potansiyele bağladıktan sonra, ben de Mars'ı aldım ve onu dini bir anlamla ilişkilendirdim. Hristiyan İncil literatüründen gelen canavarın sayısı olan 666 ile ilgili asırlardır süregelen bir gizemi çözmeye girişmiştim. 666, Tanrı'nın ve Tanrı'nın halkının büyük düşmanı ve hasmı olan Şeytan ile ilişkilendirilen bir sayı olduğu için çok fazla merak uyandıran bir sayıdır. Hristiyan geleneğinde, 666 canavarın sayısı olarak tanımlanır ve yüzyıllar boyunca bu sayının neyi ve kimi temsil ettiğini anlamak için birçok girişimde bulunulmuştur. Geleneksel olarak, bu sayı bir kişiyle ilişkilendirilir, ancak diğerleri sistemlere ve krallıklara atfedilmiştir. Her durumda, akademisyenler ve mistikler tarafından 666 gizemini çözmek için sayısız girişimde bulunulmuştur. Bilmeceyi çözmeye koyuldum ve Mars 360'ı buldum, bu Mars'ın Güneş etrafındaki dönüşü ve insanlık üzerindeki etkisidir.

Alfabedeki harflerin 6'nın katları şeklinde numaralandırıldığı İngilizce Sümer gematria'sını kullanarak... A=6, B=12, c=18, vb. Mars harflerini topladım ve 306'yı buldum. 360'ı 306'ya ekledikten sonra 666'yı buldum ve Şeytan'ı Mars etkisine veya Mars 360'a bağladım. Yahudi Talmud geleneğinde Samael'in iblislerin kralı ve İsrail'in baş düşmanı olduğunu ve Mars tarafından yönetildiğini unutmayın. Yani burada, Mars etkisine dair gelecekteki bilimsel anlayışı önceleyen ve varsayan dini bir geleneğimiz var.

Bu dini iddiayı Gauquelin'in Mars'ın seçkin spor şampiyonları üzerindeki etkisine ilişkin çalışmasının bilimsel desteğiyle birleştirdiğimde ve Mars'ın İbrahimî 666/canavar/Şeytan ahlakına ilişkin diğer Dünyevi meselelere uygulanıp uygulanamayacağını incelediğimde, Mars'ın ay düğümüne 30 derece mesafedeki konumunun 2005'ten bu yana Gazze'den İsrail'e roket atışlarının artmasıyla çakıştığını keşfedebildim. Gauquelin'in araştırmasında

Mars'ın spor şampiyonlarını etkilediği çıkarımından belirtilen düşmanca rekabetçi niteliklerin, nihai oyunun bir düşmanın hakimiyeti veya yıkımı olduğu durumlarda askerlere veya teröristlere de uygulanabileceğini belirtmek önemlidir. Bu ilişkiyi 2019'da keşfettim. Bunu keşfettikten sonra, bunun gerçek zamanlı olarak böyle olduğunu kanıtlayabildim. Araştırmamda, istatistikler Mars'ın genellikle her takvim yılında yaklaşık 3 ila 3,5 aylık bir süre içinde ay düğümünün 30 derece içinde tam bir geçiş yaptığını gösteriyor, ancak hizalanma sırasında Mars geri hareketine geçerse bu konfigürasyonun süresini uzatabilir. Bir takvim yılı içinde yaklaşık üç aylık bir süre içinde bir şeyin olacağını tahmin etmek için temel oran yaklaşık %30,0'dır. Esasen, bir takvim yılı içinde rastgele 3,5 ay seçen herhangi birinin Gazze'den İsrail'e en büyük roket ateşinin gerçekleşeceği zaman çerçevesini tahmin etme şansı yaklaşık %30'dur. Ancak, 2019 ile 2024 arasında, Mars'ın gözlemini kullanarak, İsrail'e karşı en yüksek roket fırlatma yoğunluğunun ne zaman gerçekleşeceğini %100 başarı oranıyla tahmin etmekte haklıydım. 2020'de Mars, 15 Ocak ile 3 Nisan arasında ay düğümüne 30 derece mesafedeydi. Verilere göre, bu dönem 2020'nin tamamına kıyasla İsrail'e karşı en yüksek roket fırlatma yoğunluğunu kapsıyordu. O dönemde yaklaşık 115 roket fırlatıldı ve bu sayı 2020'nin diğer tüm zamanlarından daha fazlaydı. 2021'de Mars, 9 Şubat ile 13 Mayıs arasında ay düğümüne 30 derece mesafede olma tam bir evresinden geçti. Bu evrenin sonuna doğru İsrail'e 4.000'den fazla roket atıldı ve bu sayı 2021'in diğer tüm zamanlarından daha fazlaydı. 2022'de Mars, 22 Haziran ile 19 Eylül arasında ay düğümüne 30 derece mesafede olma tam bir evresinden geçti. Ağustos ayının başlarında o zaman diliminde İsrail'e yaklaşık 1.100 roket atıldı ve bu sayı 2022'nin diğer tüm zamanlarından daha fazlaydı. 2023'te Mars, 30 derece mesafede olma tam bir evresinden geçti Ay düğümünün 24 Ağustos ile 15 Kasım arasında ve bu süre zarfında teröristler İsrail'e 10.000 roket attılar, bu 2023'teki herhangi bir zamandan daha fazla. 2024'te Mars, 12 Nisan ile 25 Haziran arasında ay düğümüne 30 derece mesafede olma tam evresinden geçti. Bu süre zarfında Hamas ve İslami Cihad yaklaşık 770 roket attı, bu da 2024'teki herhangi bir zamanda atılan miktarı çoktan aştı.

Gazze roket ateşi verilerine göre 2005'e kadar Hamas ve İslami Cihat İsrail'e toplam 26.722 roket ateşledi. 2005'ten beri 18.636 roket, Mars Ay düğümüne 30 derece mesafedeyken İsrail'e atıldı. 2005'ten beri herhangi bir zamanda İsrail'e 8.086 roket atıldı. 2005'ten beri İsrail'e atılan toplam roketlerin %68'i, Mars Ay düğümüne 30 derece mesafedeyken atıldı. 2005 ile 2024 arasındaki 15/20 yılda, takvim yılı içinde atılan roketlerin çoğu, Mars Ay düğümüne 30 derece mesafedeyken atıldı. 2005 ile 2024 arasındaki 20/20 yılda, yıl içinde en fazla roket ateşinin olduğu ay, Mars'ın Ay düğümüne 30 derece mesafede olduğu ay oldu. Bu %100 bir korelasyondur.

Elbette, korelasyonun nedenselliğe eşit olmadığı uyarısını sıklıkla uygulayan birçok şüpheciyle karşılaştıktan sonra, bu Mars tezini istatistiksel analizin ötesinde açıklayabilecek daha biyolojik ve jeolojik bir açıklama sunmak zorunda kaldım. Ancak şunu söylemek gerekir ki, tümevarımsal akıl yürütmeyi uygulayan herhangi bir girişim bir tahmin modeli ortaya koymalıdır ve işte burada zaten bir tane var. Her durumda, Mars'ın veya gök cisimlerinin insan davranışı üzerinde nasıl bir etkisi olabileceğine dair ortaya atılan teorilerden bazılarının örneklerine bakalım.

Gauquelin'in Mars etkisi üzerine çalışmaları sırasında, Mars'ın insan davranışı üzerinde jeolojik veya biyolojik bir etki yaratmasının nasıl mümkün olabileceğini açıklamak için sayısız girişimde bulunuldu. Gauquelin, fetüsün doğumunun gezegen sinyallerine verdiği tepkiyle tetiklendiğini öne sürdü. The Opening Eye kitabının yazarı Frank McGillion, sinyallerin epifiz bezi tarafından algılandığı hipotezini öne sürerek bunu daha da açıkladı. Histoire de |'astrologie kitabının yazarları Jacques Halbronn ve Serge Hutin, daha sonra bir kişinin inançlarının genetik olarak şekillendiğini öne sürdüler. 1990'da The Evidence of Science kitabının yazarı Percy Seymour, gezegenler tarafından yayılan sinyallerin gezegen gelgitleri ile manyetosfer arasındaki etkileşimin sonucu olduğunu açıklamaya çalıştı. Peter Roberts, gezegenlerden gelen sinyallerin insan ruhu tarafından algılandığını varsaydı. Alman psikoloji profesörü Arno Miiller, belirgin gezegenlerle doğan erkeklerin en fazla üreme hakkına sahip baskın erkekler olduğunu savundu. Ertel, Mars etkisinin fiziksel bir temeli olup olmadığını bulmaya çalıştı. Mars'ı Dünya'ya göre test etti ve Dünya ile Mars arasındaki mesafenin Mars etkisinde değişikliklere neden olup olmayacağını test etti. Açısal boyut, sapma, Güneş'e göre yörünge konumu ve Dünya'daki jeomanyetik aktivite, Ertel tarafından Mars etkisini fiziksel olarak açıklayabilecek herhangi bir şey olarak dışlandı. Mars fenomenini, Mars'ın ay düğümüne 30 derece mesafede olduğunda nasıl bir etki yarattığını varsayarak ve göstererek daha da açıklıyorum. Bu hizalama ve hipotezin özü, esasen Mars gezegeni Ay'ın yörüngesi ile Dünya'nın yörüngesi arasındaki kesişime ne kadar yakınsa, insanların daha karamsar, alaycı ve saldırgan özellikler sergilemesine neden olan bir etki yaratılmasıdır. Bu aşamada, borsa yatırımcıları piyasa hakkında olumsuzdur, militanlar ise Mars ay düğümüne 30 derece mesafede olmadığında diğer zamanlara kıyasla daha saldırgan hale gelirler. Kolayca haklı çıkarılabilecek temel öncül, eğer ay okyanus gelgitlerine bir çekim kuvveti uyguluyorsa ve insanlar çoğunlukla sudan oluştuğu için, o zaman ayın insan davranışı üzerinde bir etkisi olabileceğine inanmanın mantıklı olduğudur. Ancak, Mars'ın da ay ile benzer bir etki göstermesi gerektiği sonucuna vardım.

Ay düğümleri, Ay'ın Dünya etrafındaki yörünge düzlemi ile Dünya'nın Güneş etrafındaki yörünge düzlemi arasındaki kesişme noktalarıdır. Ay düğümünden 30 derece içinde başlayarak, Mars'ın Güneş etrafındaki yörüngesi, Ay'ın Dünya etrafındaki yörüngesi ile Dünya'nın Güneş etrafındaki yörüngesi arasındaki kesişme noktasına (ay düğümü) yaklaştıkça, Mars'ın Dünya olayları üzerindeki etkisi daha da artar. Verebileceğim en iyi fiziksel açıklama, ayın etkisinden türetilmiş olabilir. Ay'ın Dünya üzerinde bir çekim kuvveti uyguladığı doğrulandığından, Ay Dünya'ya ne kadar yakınsa, okyanus gelgitleri o kadar yüksek olur, o zaman Ay'ın da insanların ruh hallerini etkilemesi gerektiğini öne sürdüm çünkü insan vücudu çoğunlukla sudan oluşur. Bu Mars açıklaması, Ay'ın yörünge düzlemi ile Dünya'nın yörünge düzlemi arasındaki kesişme noktasına göre konumuna dayandığından, Mars'ın da insanlar üzerinde benzer şekilde etki uygulayabileceğini ileri sürüyorum. Benim büyük çıkışım 2024'te bilim insanlarının Mars'ın Dünya üzerinde güçlü bir çekim kuvveti uyguladığını, Dünya'yı Güneş'e yakınlaştırdığını ve 2 milyon yıl süren ısınma ve soğuma evrelerine yol açtığını keşfetmesiyle gerçekleşti. Mars hakkındaki varsayımlarımın ve Gauquelin'in varsayımlarının, Mars'ın Dünya üzerinde gerçekten bir etkisi olduğuna dair bu bilimsel bulgudan öncesine dayandığını unutmayın. Ve burada 2024'te bilim insanlarının Mars'ın Dünya'nın iklimi ve okyanus gelgitleri üzerinde bir etkisi olduğunu varsaymaya başladığını görüyoruz, bu da benim tezimi ve Gauquelin'in tezini doğruluyor.

İşte science.org'dan bir makale: "Ay hem yüksek hem de alçak gelgitlere neden olur, ancak Dünya'nın sularını etkileyen tek gök cismi değildir. Nature Communications'da bu hafta bildirilen bir çalışmaya göre, Mars'ın yerçekimi gezegenimizin derin okyanus akıntılarını etkiliyor."

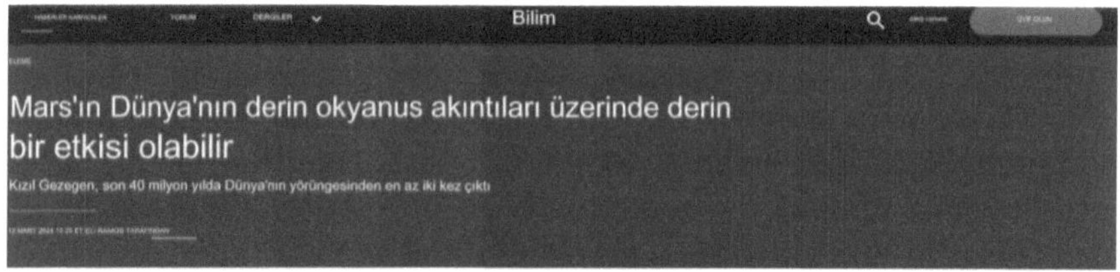

İşte makaleden bir alıntı.

Nature Communications'da bu hafta bildirilen bir çalışma. 50 yılı aşkın derin deniz sondaj kayıtlarını Dünya yörüngesindeki kaymalarla karşılaştırarak araştırmacılar, Mars'ın Dünya üzerindeki kütle çekim kuvvetinin ekseninde hafifçe sallanmasına neden olduğunu buldular. Her 2,4 milyon yılda bir, Mars'ın yörüngesi Dünya'ya o kadar yaklaşıyor ki, kütle çekimi onu etkileyebiliyor ve Dünya'nın olağan yolunu ve yönelimini eğebiliyor. Bu yörünge kayması Dünya'nın daha fazla güneş ışığına maruz kalmasına neden oluyor, iklimi ısıtıyor, bu da okyanus akıntılarını harekete geçiriyor ve onları daha güçlü hale getiriyor. Ancak bazı araştırmacılar, Mars'ın zayıf kütle çekim kuvvetinin bu değişikliklerin gerçek nedeni olduğundan şüphe ediyor, New Scientist bildiriyor.

Bunun yaptığı şey, Mars etkisine dair sel kapılarını açmaktır ve bu bilgiyle, Mars'ın insan davranışını nasıl etkilediğine dair daha fazla içgörü geliştirebiliriz. Bu bilimsel bulguya göre, Mars Güneş etrafında hareket ederken, Dünya üzerinde bir çekim kuvveti uygular ve sonunda Dünya'nın eksen eğimini ve yörünge düzlemini etkiler, bu da aslında milyonlarca yıl süren uzun zaman dilimleri boyunca ısınma ve soğuma dönemlerine neden olur. Bu anlayışla, bir takvim yılı boyunca bile, Mars Güneş etrafında dönerken, hala bir

miktar çekim kuvveti ve çok küçük de olsa bir miktar ısınma uyguladığını varsayabiliriz. Bu, Mars'ın Güneş etrafındaki dönüşünü açıklar ve bu da bize Ay düğümünün tüm bunlara nasıl dahil olduğunu açıklamamızı sağlar.

NASA'ya göre, Ay'ın yörüngesi genişlediği için Ay her yıl Dünya'dan 3 santimetre uzaklaşıyor. Benim çekincelerim, Mars'ın Ay düğümüne 30 derece yaklaştığında bu etkiyi yönlendiren katalizör olabileceği yönünde. Açıklayayım.

Evrendeki tüm nesneler arasında bir çekim kuvveti vardır. Bir kütlenin çekim kuvveti yalnızca diğer kütlelerin konumunu ve yönelimini etkilemekle kalmaz, aynı zamanda diğer kütlelerin yörünge düzlemlerini ve tersini de etkileyebilir. Mars ay düğümüne 30 derece yaklaştığında olan şey budur - esasen Mars'ın kütlesi, ayın dünya etrafındaki yörünge düzlemine bir çekim kuvveti uygular. Bunu ay düğümü aracılığıyla yapar.

Ay düğümü, basitçe, Ay'ın Dünya etrafındaki yörünge düzleminin, Dünya'nın Güneş etrafındaki yörünge düzlemiyle kesiştiği noktadır. Bu kesişme noktasının, Mars Ay düğümüne 30 derece mesafedeyken Ay'ın yörünge düzlemini Mars'ın çekim gücüne maruz bıraktığını varsayıyorum, bu da zamanla Ay'ın yörünge düzlemini Güneş'e yaklaştıracak ve bundan sonra Ay'ın kendisini Dünya'dan her yıl 3 cm daha uzağa taşıyacaktır. Mars'ın Güneş etrafında dönerken ve Dünya'nın eksen eğikliğine kütle çekim kuvveti uygulayarak milyonlarca yıl boyunca ve hatta daha kısa zaman dilimlerinde ısınma ve soğuma dönemlerine yol açtığı yeni anlayışla, artık Mars'ın Ay düğümüne 30 derece yaklaştığında da Ay'ın yörünge yoluna kütle çekim kuvveti uyguladığı ve Ay'ın yörünge düzlemini gererek Ay'ı Dünya'dan daha da uzaklaştırdığı ve bunun da Dünya'nın yalpalamasında istikrarsızlaştırıcı bir etkiye sahip olacağı sonucuna varabiliriz çünkü Dünya'nın yalpalamasının sabit kalmasından Ay sorumludur. Araştırmacılar, Ay Dünya'dan uzaklaşmaya devam ettikçe, Dünya'nın iklim modellerinde vahşi dalgalanmalara maruz kalacağını, Ay'ın Dünya'nın yalpalamasının istikrarsız hale gelmesine ve bunun da mevsimsel değişikliklere yol açacağını tespit ediyorlar. Mars'ı da hesaba katarak artık bu dinamiği anlamlandırabiliriz.

Bu bakış açısıyla, Mars etkisinden çıkarılan karşılık gelen saldırganlığı daha sıcak sıcaklıklara uygulayabiliriz, çünkü saldırganlığı daha yüksek sıcaklıklara bağlayan çok sayıda bilimsel kanıt vardır; bunu Mars'ın insan davranışı üzerindeki etkisine ilişkin araştırmamız için bir aksiyom olarak belirleyebiliriz. Ancak bu durumda, karşılık gelen saldırganlığın ortalamaya göre daha yüksek sıcaklıktan kaynaklandığı ve bu senaryoların Mars'ın ay düğümüne 30 derece mesafede olmasına bağlanabileceği hipotezini ortaya koymalıyız. Şimdi, Mars ay düğümüne 30 derece mesafede olduğunda, ayın yörünge düzlemini çekerek dünyanın eksenel eğimi üzerinde daha da fazla kütleçekim etkisi uygulayabildiği, böylece ayın yörünge düzlemini genişlettiği, ayı dünyadan giderek daha da uzaklaştırdığı ve böylece ayın dünyanın yalpalaması üzerindeki dengeleyici etkisini azalttığı, bunun da dünyayı sıcaklıkta daha vahşi dalgalanmalara maruz bırakacağı, hatta Mars'ın güneş etrafında dönerken dünyaya kütleçekimsel bir çekim uygulamaya devam ettiği sonucuna varılabilir. Bu, sıcaklıkları ve insan davranışını daha ciddi şekilde etkilemelidir. Bu, Mars'ın ay düğümüne 30 derece mesafede olduğu zaman insan eyleminin daha sert olduğuna dair kanıtların neden olduğunu açıklayabilir.

Mars etkisinin muhalifleri artık Mars etkisini göz ardı edip Gazze'den veya Orta Doğu'dan veya herhangi bir yerden gelen saldırganlığı ilkbahar ve yaz aylarında ortaya çıkan daha sıcak sıcaklıklara indirgeyemezler. Militan saldırganlığın basitçe mevsimsel hava değişikliklerine indirgenebileceği ve Mars etkisine indirgenemeyeceği iddiasını çürütebilirim.

İsrail'e roket atışının en yüksek tırmanışını, bunun daha sıcak aylarda gerçekleşeceğini öngörerek herkesin tahmin edebileceğini söyleyenler, teorilerini test edebilirler. Onların teorisi, benim 3,5 aylık olandan çok daha büyük olan 7 aylık bir pencere veriyor. İşte ay düğümüne 30 derece mesafede Mars'ı kullanarak artan roket atışlarını öngörme zaman çerçevelerim, her yıl doğru çıktı

15 Ocak 2020 - 3 Nisan 2020 - en yüksek tırmanış Şubat ayında gerçekleşti

9 Şubat 2021 - 13 Mayıs 2021 - en yüksek tırmanış Mayıs ayında gerçekleşti

22 Haziran 2022 - 19 Eylül 2022 - en yüksek tırmanış Ağustos ayında gerçekleşti

24 Ağustos 2023 - 15 Kasım 2023 - en yüksek tırmanış Ekim ayında gerçekleşti

12 Nisan 2024 - 25 Haziran 2024 - şu ana kadar en yüksek tırmanış Mayıs ayında gerçekleşti

Son 5 yılda, İsrail'e roket atışının yılın geri kalanına göre en yüksek tırmanışının 20 Mart ile 20 Eylül arasındaki İlkbahar ve Yaz aylarında (7 aylık bir pencere) gerçekleşeceğini tahmin etmeye çalışsaydı, son 5 yılın 3'ünde haklı olurdu. Ancak, özellikle 7 Ekim 2023'teki saldırıların ölçeği göz önüne alındığında, bunun gerçekten önemli olacağı 2020 ve 2023'te yanılmış olurlardı. Yani 7 aylık bir pencere olsa bile, ay düğümünün 3,5 aylık penceresine 30 derece mesafede Mars'ı ayak uydurmak etmekte başarısız olurduk.

Ayrıca, ortalamaya göre daha sıcak sıcaklıkların, Mars'ın Dünya üzerindeki çekim kuvveti nedeniyle onu Güneş'e yaklaştırarak Orta Doğu'da şiddete yol açabileceğini söyleyebilirim. Burada kafanızın karışması kolaydır çünkü Mars'ın Dünya'dan Güneş'e daha uzak olduğunu ve bu nedenle Mars'ın herhangi bir çekim kuvvetinin Dünya'yı Güneş'ten uzaklaştıracağına inanabilirsiniz. Mars ve Dünya'nın Güneş etrafında nasıl döndüğünü ve Mars'ın Dünya'ya en yakın ve en uzak olduğu zamanların nasıl olduğunu görselleştirmek karışıklığı önlemeye yardımcı olabilir. Mars Güneş etrafında dönerken, Dünya'dan ne kadar uzaklaşırsa, çekim kuvveti Dünya'nın eksenel eğimini Güneş'e o kadar yaklaştırır. Ve bunun aksine, Mars Güneş etrafındaki dönüşünde Dünya'ya ne kadar yakınsa, Mars'ın çekim kuvveti Dünya'nın eksenel eğimini Güneş'ten o kadar uzaklaştırır. İşte görsel

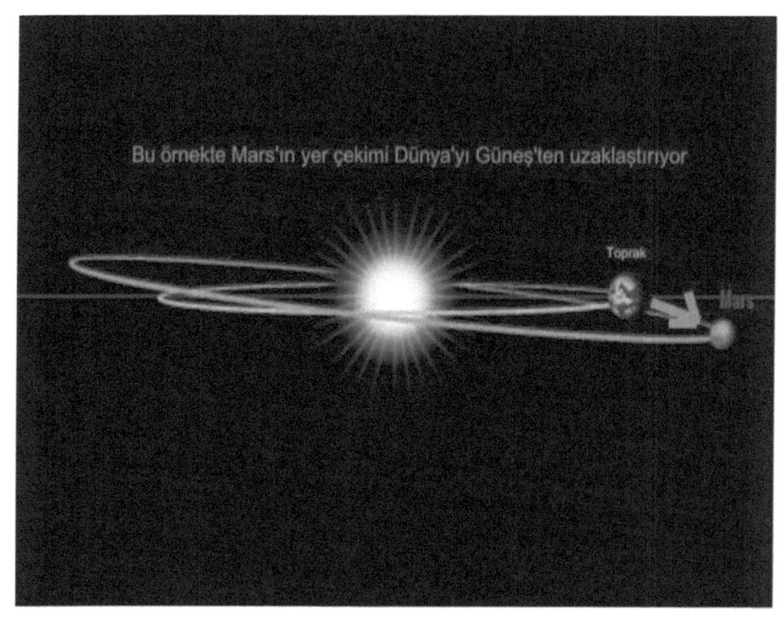

Bu örnekte Mars'ın yer çekimi Dünya'yı Güneş'ten uzaklaştırıyor
Toprak
Mars

Bu örnekte Mars'ın yer çekimi Dünya'yı Güneş'e doğru çekiyor

Bu örnekte, Mars'ın yer çekimi Dünya'yı Güneş'e doğru çekiyor. Mars ayrıca Ay'ın yörünge yolunu da Ay düğümü X aracılığıyla çekiyor.

Mars'ın Dünya üzerindeki yerçekimi etkisi ve bunun Dünya iklimi üzerindeki etkisi hakkındaki bilimsel keşifle birlikte, uzun süreli Dünya soğuma ve ısınmasını kolaylaştıran bu Mars etkisinin, Mars'ın Dünya'nın eksen eğimini ve yörünge yolunu yavaşça değiştirmesinin sonucu olduğu konusunda hemfikir olabiliriz. Mars'ın yerçekimi etkisi sırasında, Dünya'nın eğimini Güneş'e yaklaştırarak onu daha fazla güneş radyasyonuna maruz bırakarak, Dünya'nın yörünge düzlemi de etkilenir ve zaman geçtikçe daha eliptik hale gelir, bu da Dünya'yı günberi noktasında günöte noktasından daha fazla termal radyasyona maruz bırakır. Şu anda, Dünya'nın yörünge yolu dairesele yakındır ve günberi noktasındaki termal radyasyonda günöte noktasına göre yalnızca %6'lık bir fark vardır.

Dünya'nın eğimi, Dünya'nın güneşe yakınlığının aksine, sıcaklık değişimlerini açıklayan ana faktördür. Aslında, Ocak ayında Dünya güneşe en yakın konumdadır, ancak bu süre zarfında sıcaklıklar daha soğuktur. Temmuz ayında ise Dünya güneşten en uzaktadır, ancak sıcaklıklar daha sıcaktır. Bu dinamiğin nedeni, Dünya'nın eksen eğikliğinin güneş ışınlarının Dünya'ya nasıl çarptığını nasıl etkilediğiyle açıklanmaktadır. Yaz aylarında güneş ışınları Dünya'ya dik bir açıyla çarpar ve yayılmaz, bu da Dünya'ya çarpan daha fazla enerji konsantrasyonuna yol açar. Bu, Güneş'in Dünya'ya daha sığ bir açıyla çarptığı, güneş ışınlarının daha yayılmış ve enerji açısından daha az yoğun olduğu kış aylarının aksinedir. Bu dinamiği Gazze roket ateşi durumuna uygulamaya çalışabilirsiniz, ancak daha önce açıklandığı gibi, İlkbahar ve Yaz aylarını kullanmak, örnek olarak kullandığım 5 yıldan 2'sinde yanlış hesaplamaya yol açmış olurdu. Mars'ı hesaba katarsak, Mars'ın Dünya'ya göre konumunun herhangi bir mevsimdeki ortalama sıcaklıkları etkileyeceğini varsaymaya başlayabiliriz. Örneğin, Mars'ın Dünya'dan en uzakta olduğunu, ay düğümüne 30 derece mesafede olduğunu varsayalım, ancak Dünya'nın eksen eğikliğine bir çekim kuvveti uygulayarak, açıyı bir dakika da olsa güneşe yaklaştırın. Sonuç, teorik olarak, mevsimden bağımsız olarak, daha yüksek ortalama sıcaklık, belki daha fazla yağış olmalı ve böylece insanları daha yüksek düzeyde saldırganlığa maruz bırakmalıdır. İşte bir örnek. İşte Hamas'ın İsrail'e karşı büyük bir terör operasyonu başlattığı gün olan 7 Ekim'de Mars'ın Dünya ile nasıl hizalandığını gösteren bir görsel ·

Mars, ay düğümüne 30 derece mesafedeydi, ancak Dünya'dan çok uzaktaydı, ancak Dünya'nın eksen eğikliğini güneşe doğru çeken çekim kuvvetleri uyguluyordu

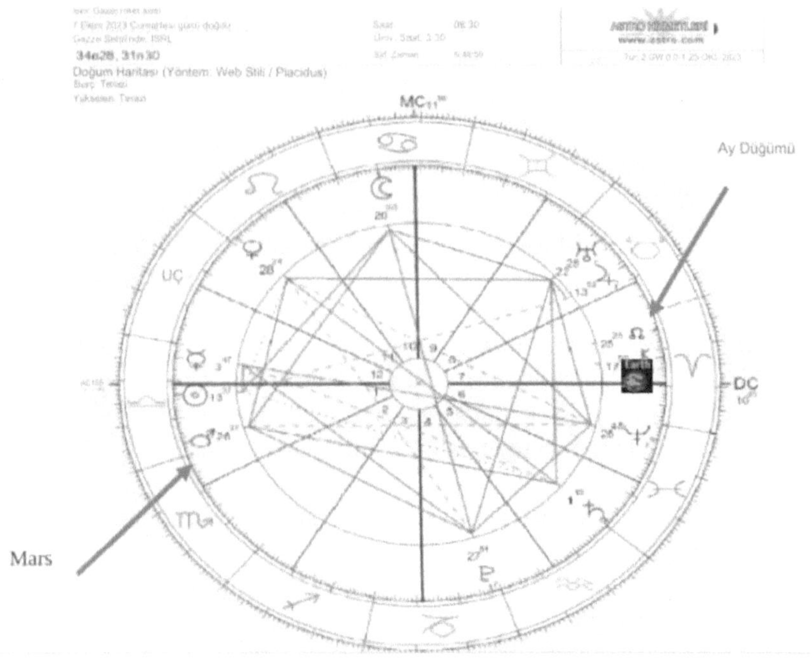

İşte 7 Ekim'in astroloji haritası. Bir astroloji haritasında, Dünya her zaman Güneş'in karşısındadır. Bir simge ekledim

Bu, sonbaharda gerçekleşen büyük bir saldırının örneğidir, zorlayıcı saldırganlık için bilinen tipik bir zaman dilimi değildir. Dolayısıyla burada Mars faktörüne bakabiliriz. Mars'ın saldırganlık üzerindeki etkisinin genel olarak daha yüksek sıcaklıklarla değil, ortalamaya göre daha yüksek sıcaklıklarla ilgili olduğunu öne sürdüm. Ekim 2023, kaydedilen en sıcak Ekim ayıydı.

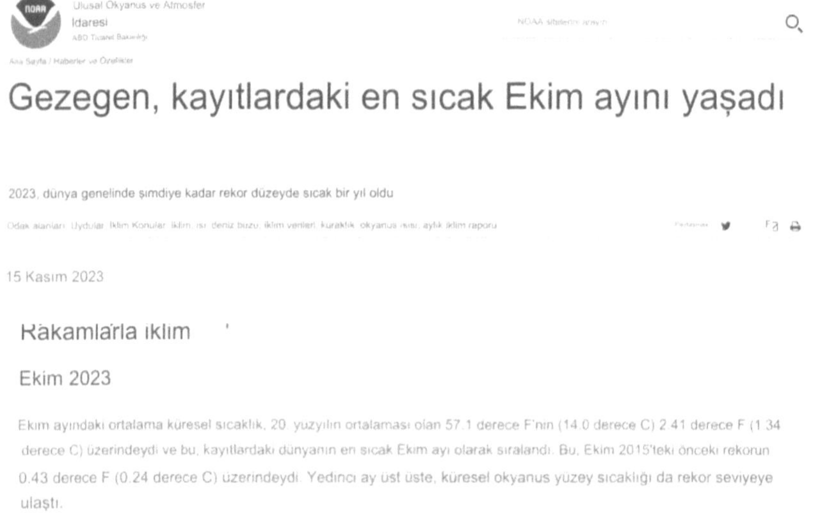

Ulusal Okyanus ve Atmosfer İdaresi
ABD Ticaret Bakanlığı

Ana Sayfa / Haberler ve Özellikler

Gezegen, kayıtlardaki en sıcak Ekim ayını yaşadı

2023, dünya genelinde şimdiye kadar rekor düzeyde sıcak bir yıl oldu

Odak alanları: Uydular İklim Konular iklim, ısı deniz buzu; iklim verileri, kuraklık, okyanus ısısı, aylık iklim raporu

15 Kasım 2023

Rakamlarla iklim

Ekim 2023

Ekim ayındaki ortalama küresel sıcaklık, 20. yüzyılın ortalaması olan 57.1 derece F'nın (14.0 derece C) 2.41 derece F (1.34 derece C) üzerindeydi ve bu, kayıtlardaki dünyanın en sıcak Ekim ayı olarak sıralandı. Bu, Ekim 2015'teki önceki rekorun 0.43 derece F (0.24 derece C) üzerindeydi. Yedinci ay üst üste, küresel okyanus yüzey sıcaklığı da rekor seviyeye ulaştı.

Daha yüksek sıcaklıkları saldırganlık ve daha düşük bilişsel işlevle ilişkilendiren büyük bir bilgi, çalışma ve araştırma gövdesi var, ancak Mars tezi ve saldırganlığı nasıl etkilediği konusunda, ortalamaya göre daha yüksek sıcaklıkların saldırganlığı tetiklediğini ve bilişsel işlevi düşürdüğünü öne sürüyorum. Ayrıca, ortalamaya göre bu daha yüksek sıcaklıkların teorik olarak ortalamanın üzerinde yağış getirmesi gerektiği sonucuna varıyorum.

Gazze roket atış verilerini referans olması açısından bu belgeye ekliyorum.

Bu istatistikler yalnızca Gazze'deki militanları ve 2005'ten bu yana Gazze'den İsrail'e atılan tüm roket atışlarını kapsamaktadır.

İsrail'e karşı roket atışlarının en yoğun olduğu takvim yılı içinde Mars'ın ay düğümüne 30 derece mesafede olduğu bir düzen var. Bu, 2005'ten beri %70 oranında gerçekleşiyor.

2005 yılından bu yana her yıl, yılın en yüksek roket atışının gerçekleştiği ay, Mars'ın bir ara Ay Düğümü'ne 30 derece mesafede olduğu aydır.

Şekil H-Gazze İsrail'e yönelik roket saldırıları

*Yılın en büyük roket ateşi miktarı

	2005	2006	2007	2008	2009	2010	2011	2012
Ocak	40	7	28	136	345*	13	17	9
Şubat	5	9	43	228	62	5	6	36
Mart	23	41	31	103	34	25*	38	173
Nisan	34	79	25	373*	6	5	87	10
Mayıs	77	54	257*	206	1	14	1	3
Haziran	129	140	63	153	2	14	4	83
Temmuz	211*	191*	61	4	1	13	20	18
Ağustos	50	41	81	8	1	14	149*	21
Eylül	61	40	70	1	~10	16	8	17
Ekim	26	52	53	1	1	3	52	116
Kasım	42	157	66	125	4	5	11	1734*
Aralık	76	50	113	361	4	15	30	1

Şekil H-Gazze İsrail'e yönelik roket saldırıları

*Yılın en büyük roket ateşi miktarı

	2013	2014	2015	2016	2017	2018	2019
Ocak	0	22	0	8*	0	6	0
Şubat	1	9	0	0	7*	4	0
Mart	4	65	0	5	2	0	3
Nisan	17*	19	1	0	1	0	0
Mayıs	1	4	1	2	1	70	600*
Haziran	5	62	3	0	1	64	3
Temmuz	5	2874*	1	2	2	170*	0
Ağustos	4	950	3	1	1	8	0
Eylül	8	0	4	0	0	0	1
Ekim	3	1	9*	0	1	0	0
Kasım	0	0	3	0	0	17	435
Aralık	4	1	4	0	7	0	4

Şekil H-Gazze İsrail'e yönelik roket saldırıları

*Yılın en büyük roket ateşi miktarı

	2020	2021	2022	2023	2024	2025	2026
Ocak	8	3	0	1	357		
Şubat	104*	0	0	8	165		
Mart	0	0	0	0	104		
Nisan	0	45	5	66	113		
Mayıs	1	4375*	0	1470	452*		
Haziran	3	0	1	0	205		
Temmuz	3	0	4	6	216		
Ağustos	15	1	1100*	0	116		
Eylül	13	2	0	0			
Ekim	3	0	0	8500*			
Kasım	3	0	4	2000			
Aralık	2	0	1	1000			

Ay düğümüne 30 derece uzaklıktaki Mars'ın tarihleri

29 Mayıs 2005 - 29 Ağustos 2005	17 Kasım 2005 - 27 Aralık 2005	20 Temmuz 2006-14 Ekim 2006
19 Mart 2007-30 Mayıs 2007	28 Nisan 2008-31 Temmuz 2008	08 Ocak 2009-24 Mart 2009 · 11 Haziran 2011-01 Eylül 2011
24 Ağustos 2012-12 Kasım 2012	24 Ağu 2009-02 May 2010	02 Kas 2010-18 Oca 2011 · 03 Nisan 2013-22 Haziran 2013
19 Aralık 2013-28 Ağustos 2014	27 Ocak 2015-12 Nisan 2015	27 Eylül 2015-26 Aralık 2015 · 08 Nisan 2018-14 Kasım 2018
01 Mayıs 2019-29 Temmuz 2019	21 Kas 2016-01 Şub 2017	11 Tem 2017-10 Eki 2017 · 15 Ocak 2020-3 Nisan 2020

Aşağıda, Ay Düğümü'ne 30 derece mesafedeki Mars'ın gelecekteki tarihleri yer almaktadır

9 Şub 2021-13 May 2021
4 Kas 2021-22 Oca 2022
22 Haziran 2022 19 Eylül 2022
26 Aralık 2022-24 Ocak 2023

24 Ağu 2023-15 Kas 2023
12 Nisan 2024-25 Haziran 2024
5 Haziran 2025-4 Eylül 2025
4 Şubat 2026-19 Nisan 2026
27 Eylül 2026-12 Haziran 2027

Beş yıl üst üste, roket ateşinin en yoğun olduğu zamanı tahmin edebildim.

İsrail bir takvim yılı içerisinde gerçekleşecektir.

Son beş yılda roket atışlarının takvim yılı içinde en fazla tırmanışının gerçekleşeceği tahmin ediliyordu. Mars'ın Ay Düğümü'ne 30 derece mesafede olacağı zaman diliminde meydana gelecektir.

1. 15 Ocak 2020-3 Nisan 2020-https://www.youtube.com/watch?v=e5Gx04ZW2fc

2. 9 Şubat 2021-13 Mayıs 2021-https://www.youtube.com/watch?v=v1sA-ZS73Lw&t

3. 22 Haziran 2022-19 Eylül 2022-https://www.youtube.com/watch?v=6EniwV0TWew&t

4. 24 Ağustos 2023-15 Kasım 2023-https://www.youtube.com/watch?v=IGbNPE09qS4&t

5. 12 Nisan 2024-25 Haziran 2024-https://www.youtube.com/watch?v=qW_-CrWu5b0&t

https://www.youtube.com/@anthonym1690

Gazze roket atış verilerine göre 2005'e kadar Hamas ve İslami Cihad, İsrail'e toplam 26.722 roket attı

2005 yılından bu yana, Mars'ın Ay düğümüne 30 derece uzaklıkta olduğu dönemde İsrail'e 18.636 roket atıldı.

2005'ten bu yana herhangi bir zamanda İsrail'e 8086 roket atıldı

2005'ten bu yana İsrail'e atılan roketlerin %68'i Mars'ın Ay düğümüne 30 derece mesafede olduğu sırada atıldı

2005-2024 yılları arasındaki 15/20 yılda, takvim yılı içerisinde ateşlenen roketlerin çoğu, Mars'ın Ay düğümüne 30 derece mesafede olduğu sırada ateşlendi.

2005 ile 2024 yılları arasındaki 20/20 yılda, yılın en yüksek roket ateşini içeren ay, aynı zamanda Mars'ın ay düğümüne 30 derece mesafede olduğu zamandı

İşte 2005'ten bu yana İsrail'e yönelik roket saldırılarını temsil eden grafikler

2024'te İsrail'e roket atışı

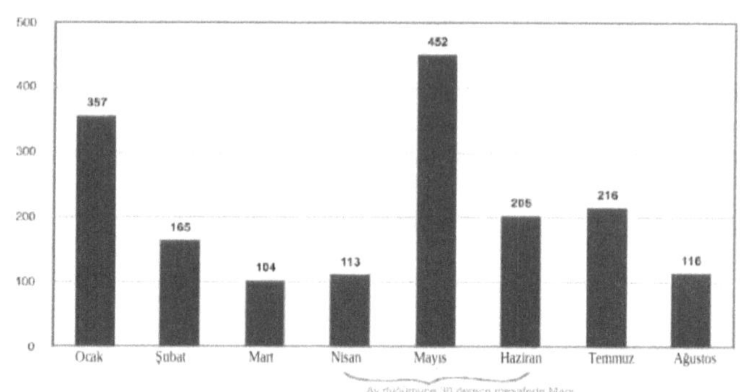

2023'te İsrail'e roket atışı

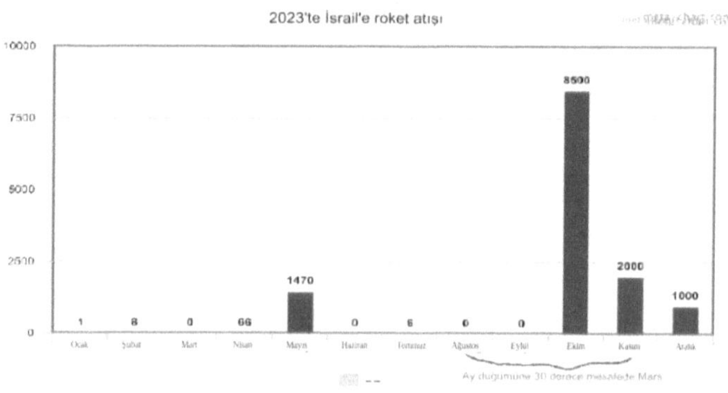

2022'de İsrail'e roket atışı

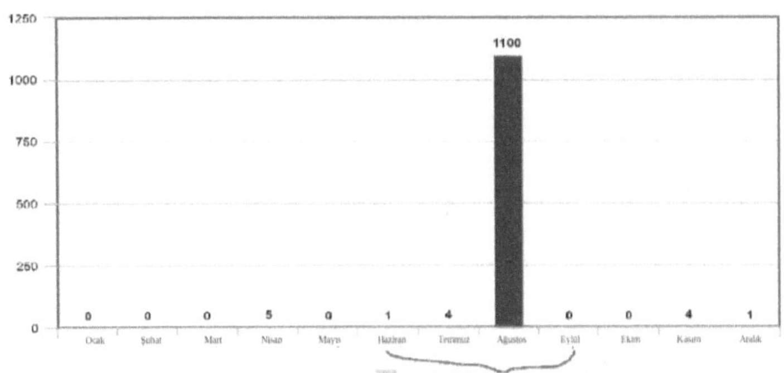

2021'de İsrail'e karşı roket atışı

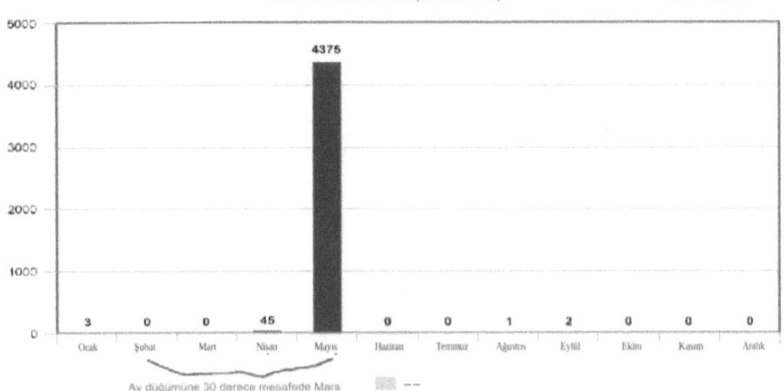

2020'de İsrail'e karşı roket atışı

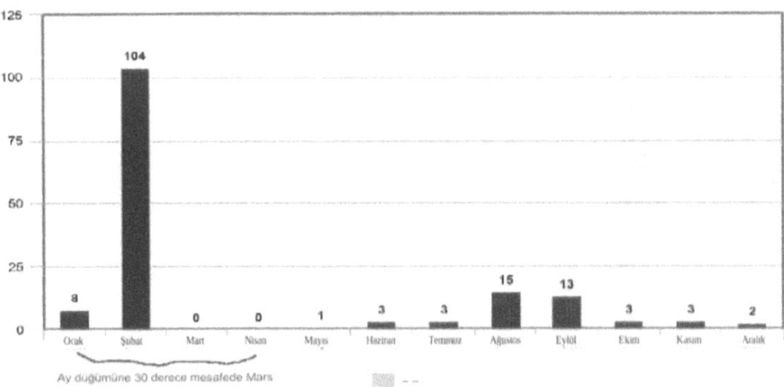

2019'da İsrail'e yönelik roket atışı

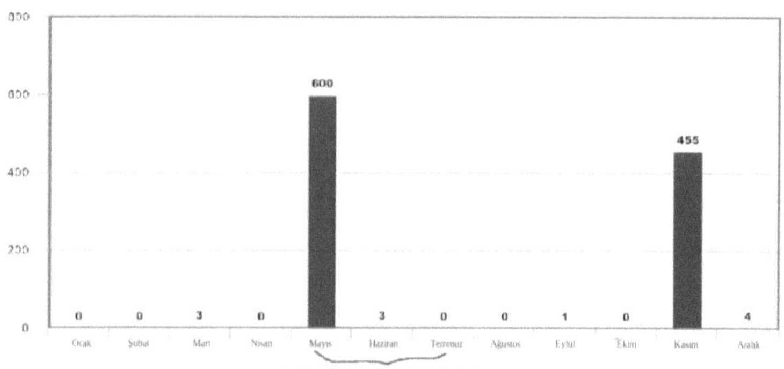

2018'de İsrail'e karşı roket atışı

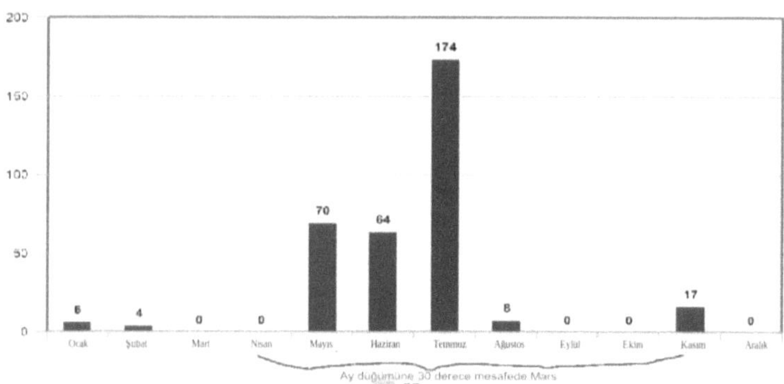

2017'de İsrail'e karşı roket atışı

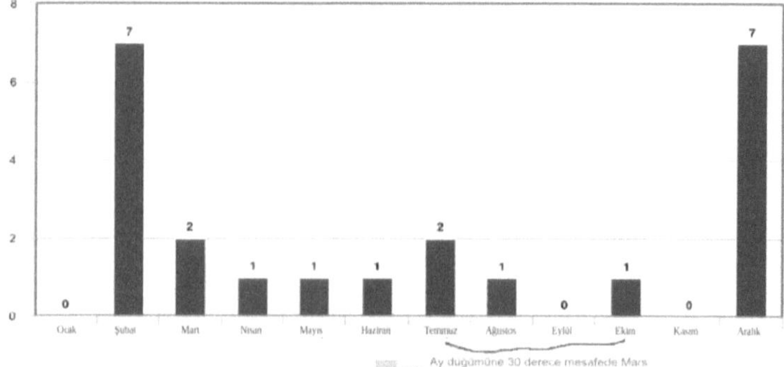

2016'da İsrail'e yönelik roket atışı

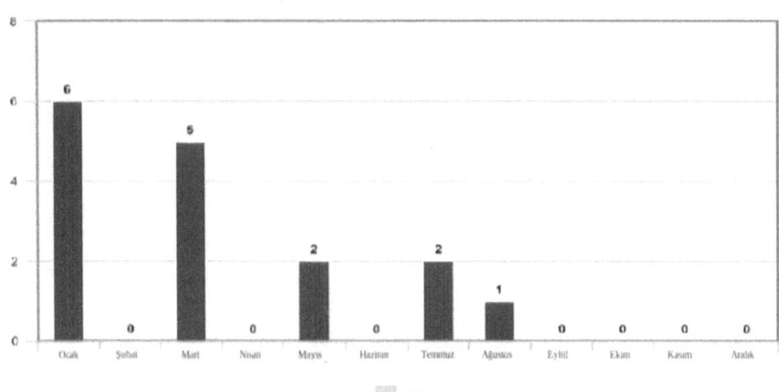

2015'te İsrail'e karşı roket atışı

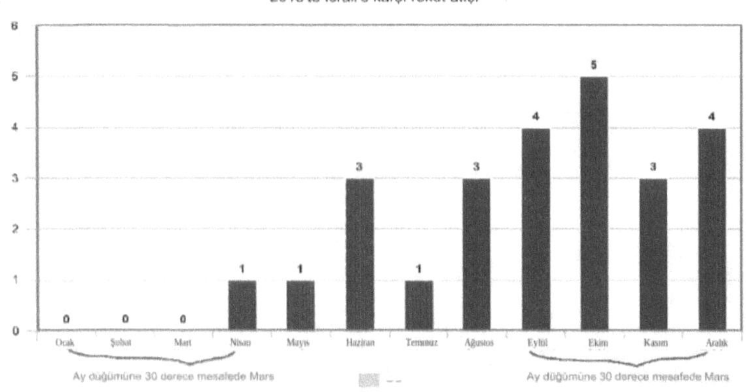

2014'te İsrail'e karşı roket atışı

2013'te İsrail'e karşı roket atışı

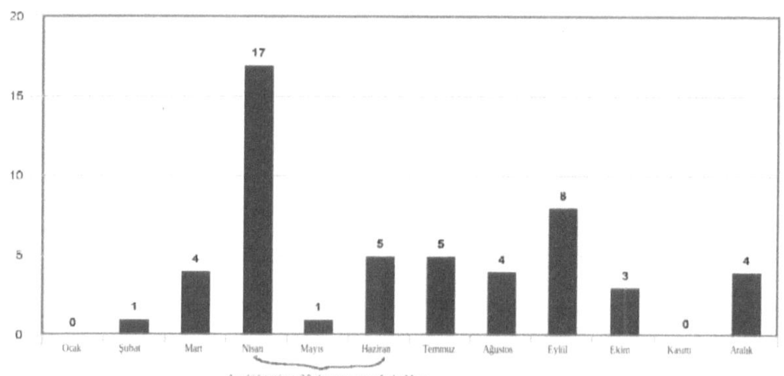

2012'de İsrail'e karşı roket atışı

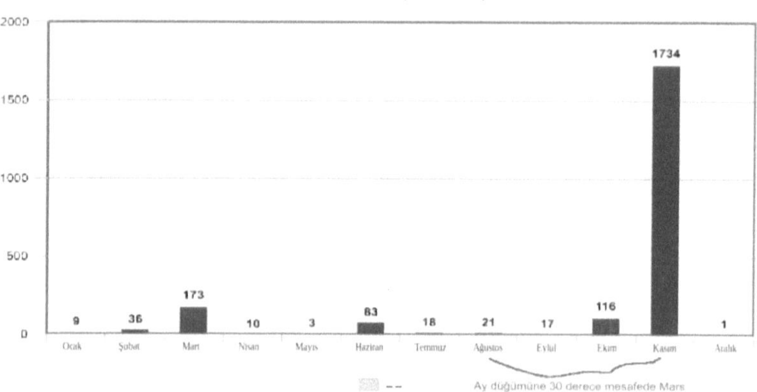

2011'de İsrail'e karşı roket atışı

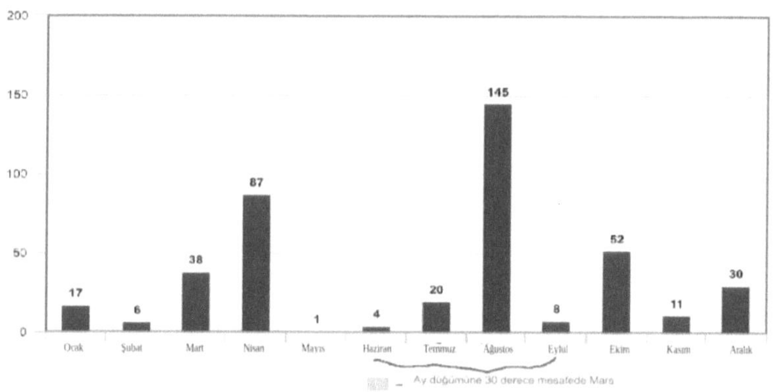

22

2010 yılında İsrail'e yönelik roket atışı

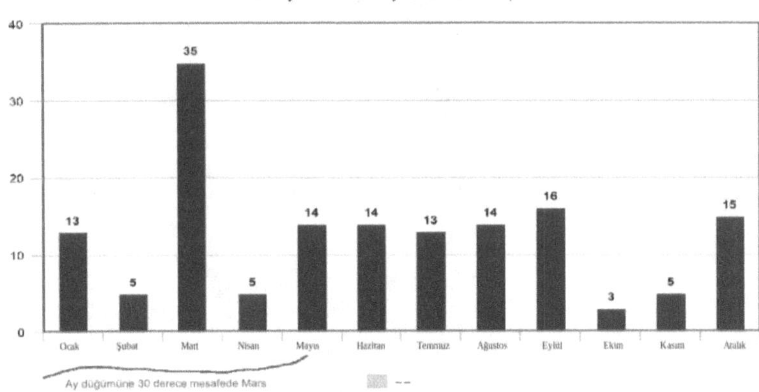

2009'da İsrail'e karşı roket atışı

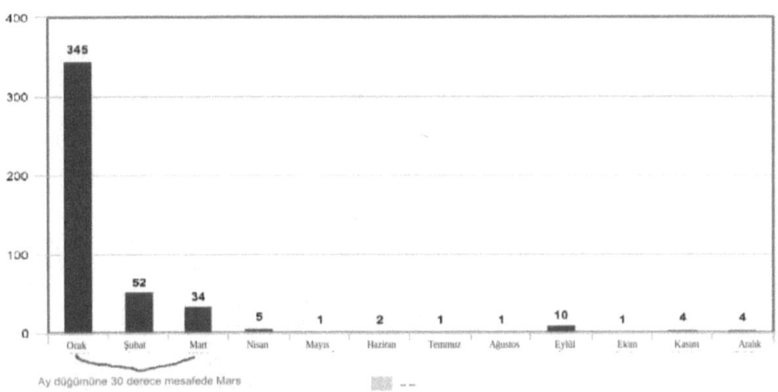

2008'de İsrail'e karşı roket atışı

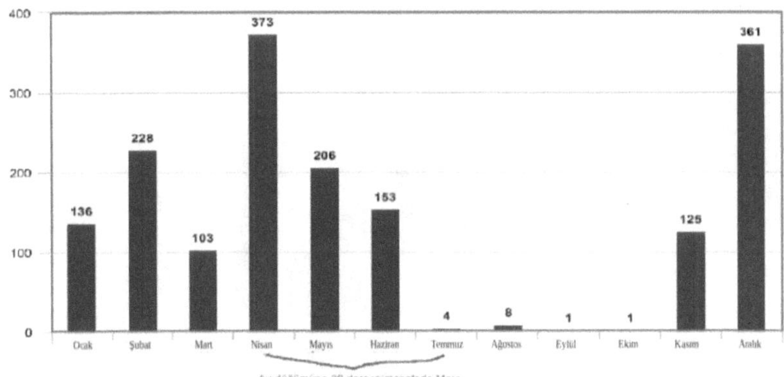

2007'de İsrail'e karşı roket atışı
300
250
200
150
100
50
0
28
43
31
25
257
63
61
81
70
53
65
113
Ocak
Şubat
Mart
Nisan
Mayıs
Haziran
Temmuz
Ağustos
Eylül
Ekim
Kasım
Aralık
Ay duğumune 30 derece mesafede Mars

2006'da İsrail'e roket atışı
250
200
150
100
50
0
7
9
41
79
54
140
191
41
40
52
157
50
Ocak
Şubat
Mart
Nisan
Mayıs
Haziran
Temmuz
Ağustos
Eylül
Ekim
Kasım
Aralık
Ay duğumune 30 derece mesafede Mars
meta-chart.com

2005'te İsrail'e karşı roket atışı
250
200
150
100
50
0
40
5
23
34
77
129
211
50
61
26
42
76
Ocak
Şubat
Mart
Nisan
Mayıs
Haziran
Temmuz
Ağustos
Eylül
Ekim
Kasım
Aralık
Ay duğumune 30 derece mesafede Mars
meta-chart.com

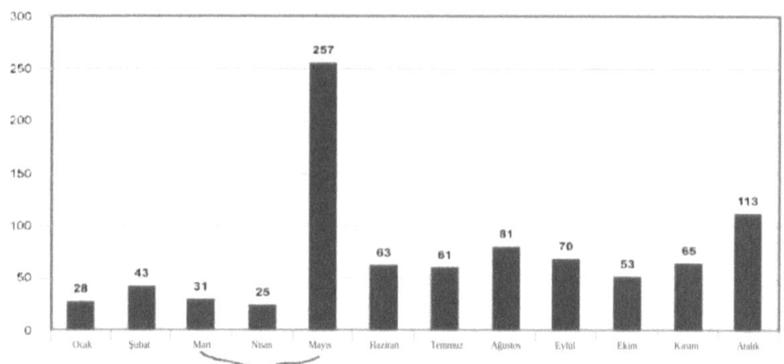

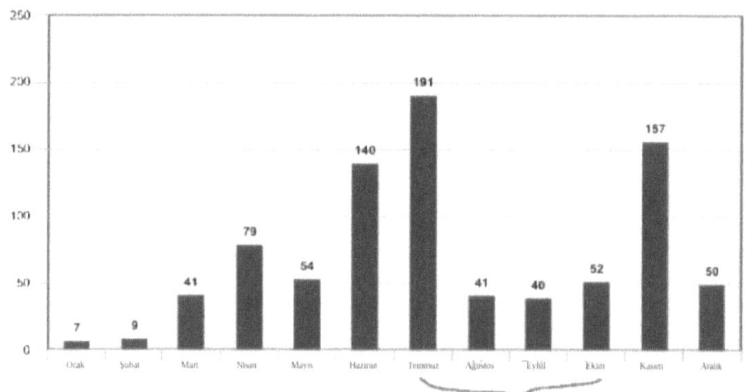

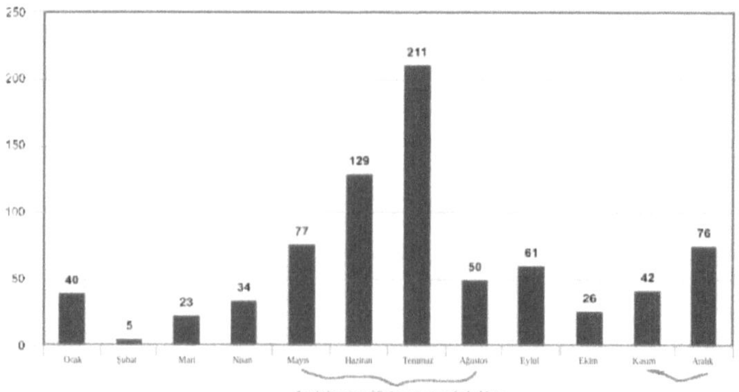

24

Bölüm II

Bu bölüm ABD tarihindeki 25 büyük borsa çöküşünü ve düşüşünü ortaya koyuyor. Veriler, bu tür olaylar ile Mars'ın Dünya'ya göre konumu arasında %100 korelasyon olduğunu gösteriyor. ABD tarihindeki her borsa çöküşü ve büyük borsa düşüşü, Mars'ın Dünya'nın bakış açısından Güneş'in arkasında yörüngede olduğu sırada gerçekleşmiştir.

Bu makalenin gösterdiği şeyle ilgili ilgili bağlamı elde etmek için, bu fikrin ilk kez kamuoyuna duyurulmasından yaklaşık 5 yıl sonra, Mart 2024'te Nature Communications'da yayınlanan yakın tarihli bir çalışmayı hesaba katmak önemlidir. Mart 2024'te yayınlanan bu çalışmada, araştırmacılar Mars'ın Dünya'nın eğimine bir çekim kuvveti uyguladığını, Dünya'yı daha sıcak sıcaklıklara ve daha fazla güneş ışığına maruz bıraktığını keşfettiler; tüm bunlar 2,4 milyon yıllık bir döngü içinde. Bunun, daha küçük zaman dilimlerinde bile Mars'ın Dünya'nın eksenel eğimine hala bir çekim kuvveti uyguladığını, gezegen ay düğümüne 30 derece mesafede olduğunda sıcaklıkları yükseltmeye yetecek bir çekim kuvveti uyguladığını ve bunun insan davranışını etkileyeceğini varsaymamızı sağladığını iddia ediyorum. Saldırganlık ve sinirliliği daha sıcak sıcaklıklarla ilişkilendiren çok sayıda çalışmaya atıfta bulunarak, bir aksiyom oluşturuyorum ve ardından Ay düğümüne 30 derece mesafedeki Mars'ın bilişi azaltarak ve saldırganlığı ve sinirliliği zorlayarak beyni etkilemesi gerektiğini ileri sürüyorum.

İşte Mars'ın Güneş etrafında dönerken ve Dünya'nın eksenel eğimine bir çekim kuvveti uygularken olan bitenin görseli. Bu ilk grafikte, Mars'ın çekim kuvveti Dünya'nın eğimini Güneş'ten uzaklaştırıyor.

Bir sonraki grafikte Mars'ın yer çekiminin Dünya'nın eğimini Güneş'e doğru çektiğini görüyoruz.

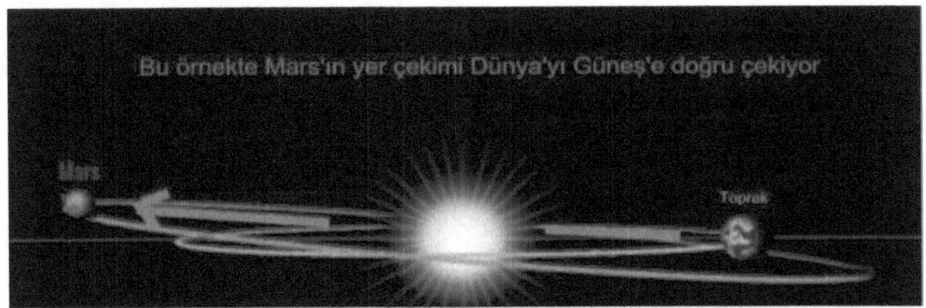

Bu son görselde, bu senaryonun insan davranışı üzerinde en belirgin etkiye sahip olması gerekir. Mars'ın Dünya'nın eğimini Güneş'e doğru çekmesi senaryosunun bir astroloji haritasında nasıl göründüğüne bir bakalım. Bu, 29 Ekim 1929 Borsa çöküşünün haritasıdır. Dünya gezegeni bir astroloji haritasında her zaman Güneş'in karşısındadır.

-12.82%

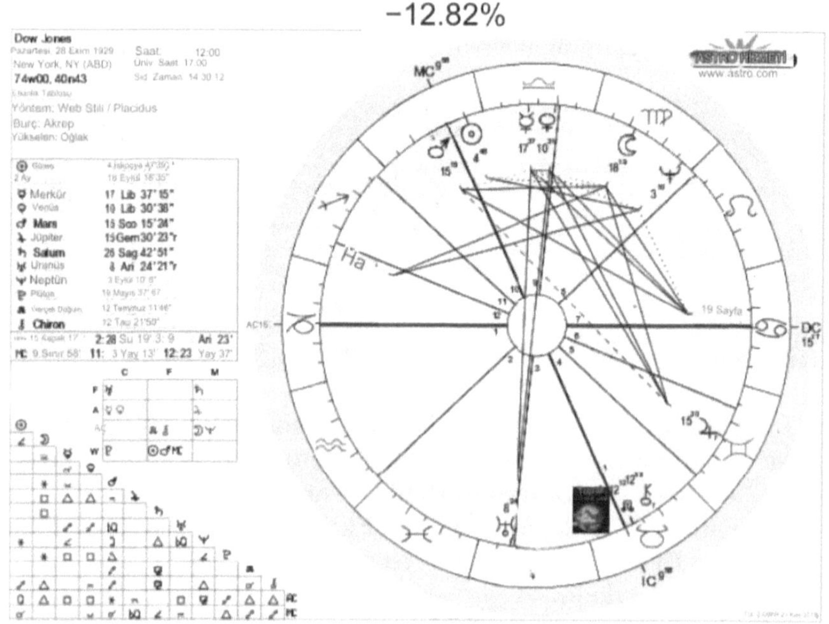

Aynı gezegen konfigürasyonu senaryosunun yukarıdan görünümü şöyledir.

Tüm büyük borsa çöküşlerinde ve bir günlük düşüşlerde Mars, bu grafikte gösterildiği gibi beyaz çizginin bir yerindeydi; bu da araştırmaya göre Mars'ın Dünya'nın eğimini Güneş'e doğru çektiğini ve bu da sinirliliğe yol açtığını gösteriyor.

Aynı görselin bir astroloji haritasında nasıl temsil edildiği aşağıda gösterilmiştir. Bir sonraki sayfaya bakın Beyaz çizgiye dikkat edin.

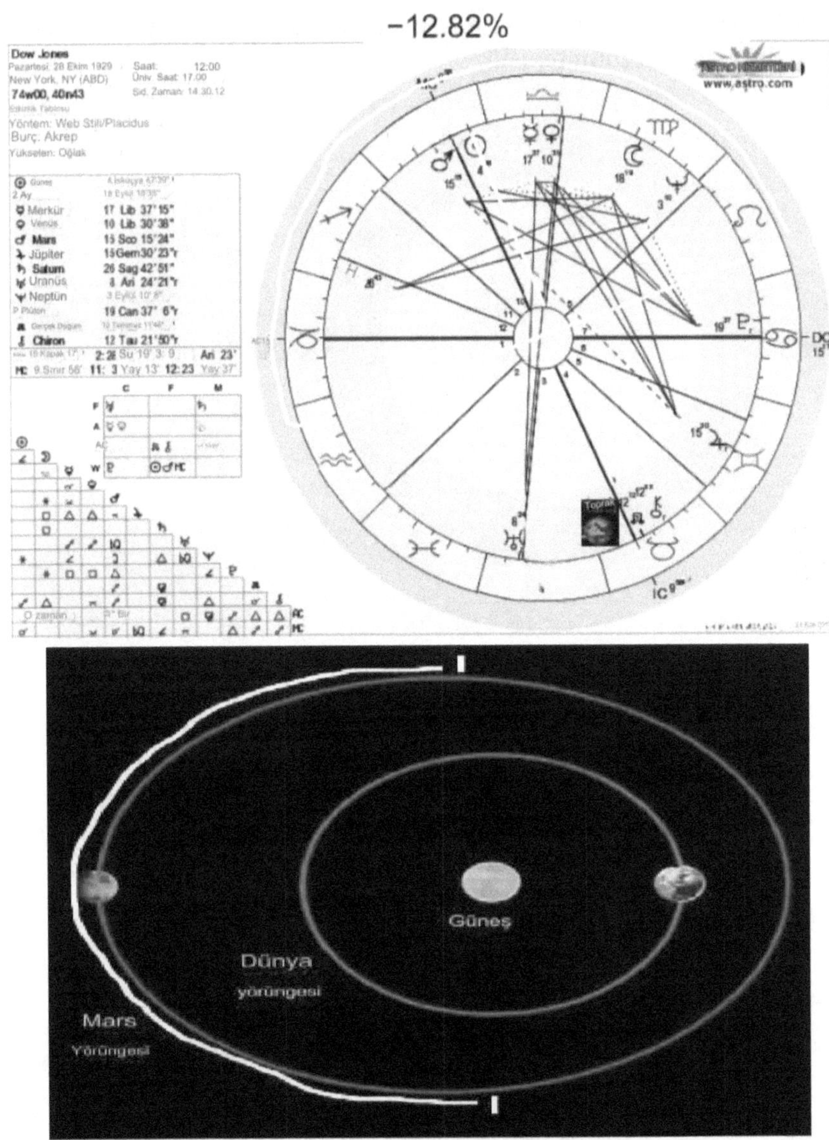

Tüm en yüksek günlük borsa çöküşleri veya düşüşleri, Mars'ın Güneş'in derecesinden dışarı doğru çekilen o beyaz çizginin içinde göründüğünde meydana geldi.

Bu bakış açısı, okuyucunun önyargılı saçmalık kavramının ötesine geçmesine ve bunun bilimsel bir değeri olduğunu fark etmesine yardımcı olmalıdır.

İşte borsa çöküşlerinin geri kalanı, astroloji çizelgeleri ve Mars'ın uzaydaki konumunun temsili

19 Ekim 1987 Borsa çöküşü

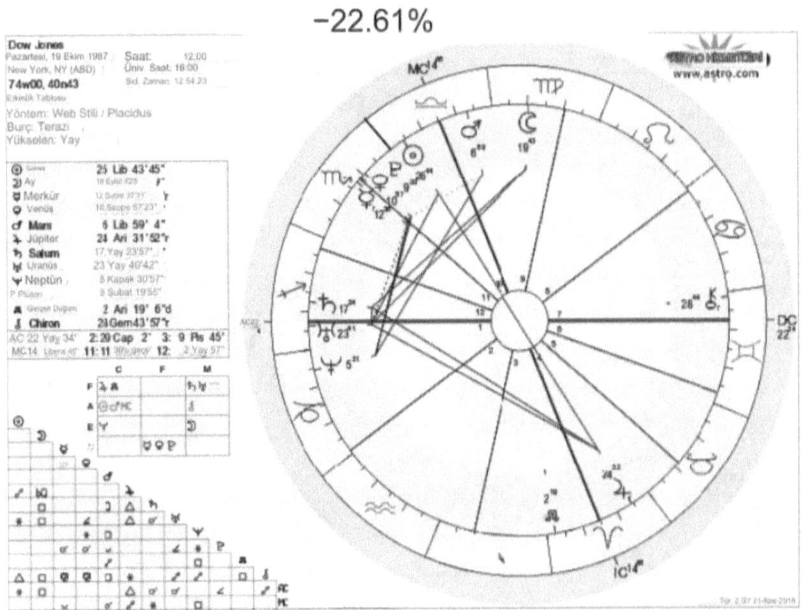

İşte Mars'ın o gün Dünya'ya göre uzaydaki konumu

6 Kasım 1929 Borsa Çöküşü

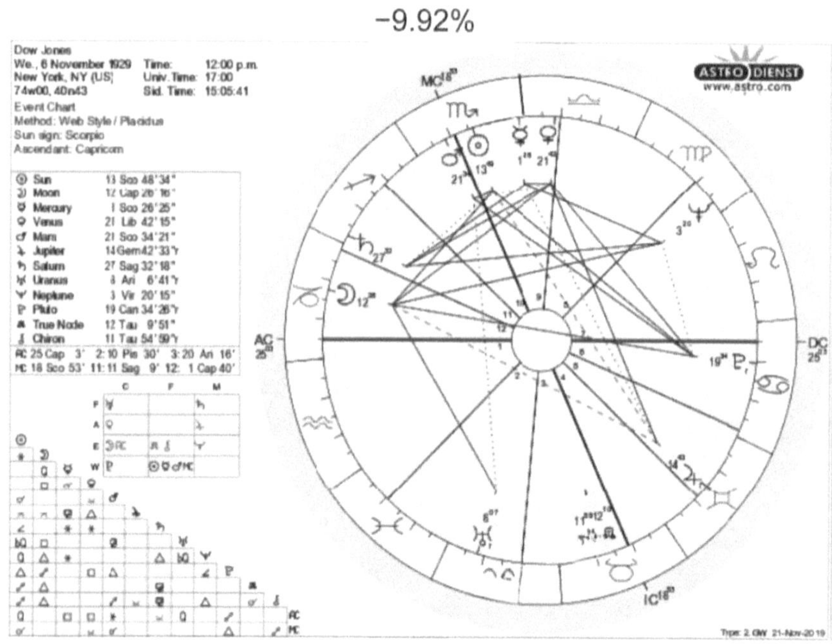

İşte Mars'ın Dünya'nın bakış açısından uzayda bulunduğu yer

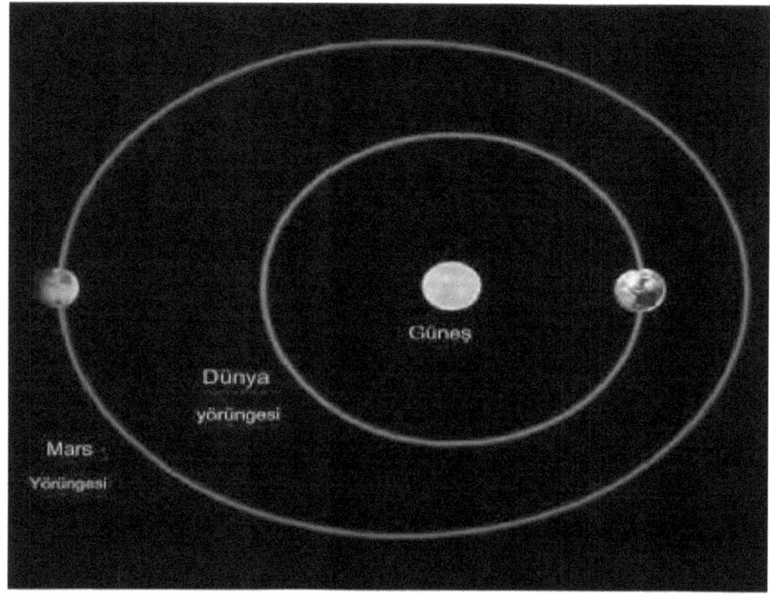

16 Mart 2020 Borsa çöküşü

-12.93

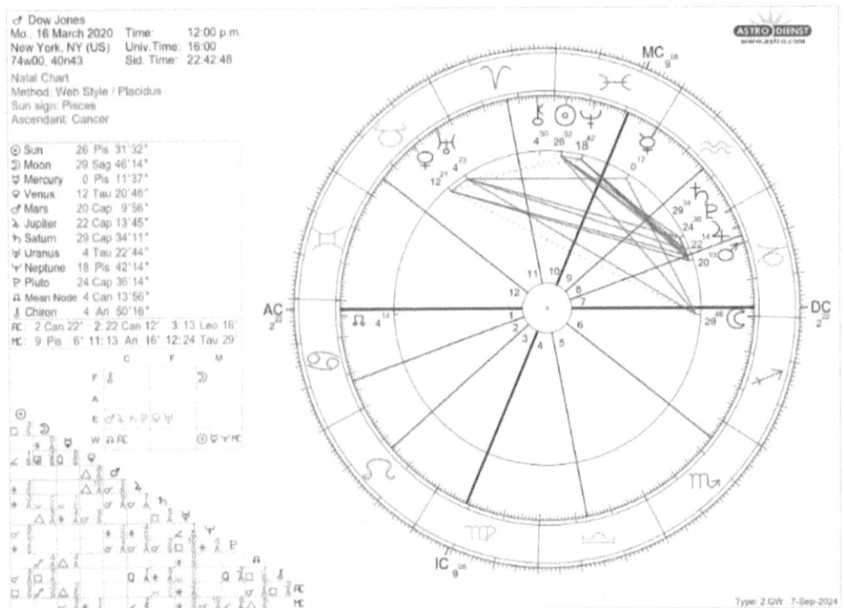

İşte Mars'ın Dünya'ya göre gökyüzündeki konumu

12 Mart 2020 Borsa Çöküşü

-9.99

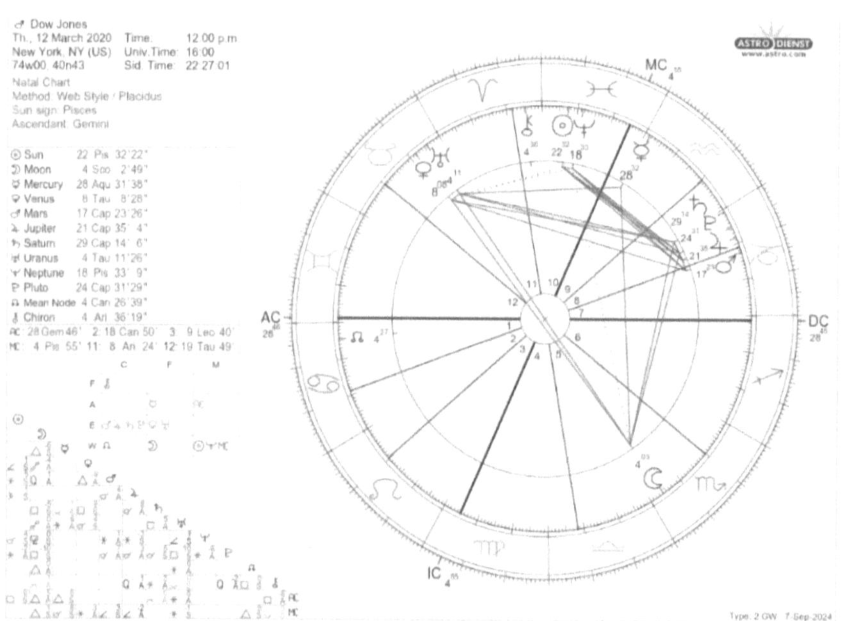

İşte Mars'ın o gün gökyüzündeki konumu

9 Mart 2020 Borsa Çöküşü

-7,79

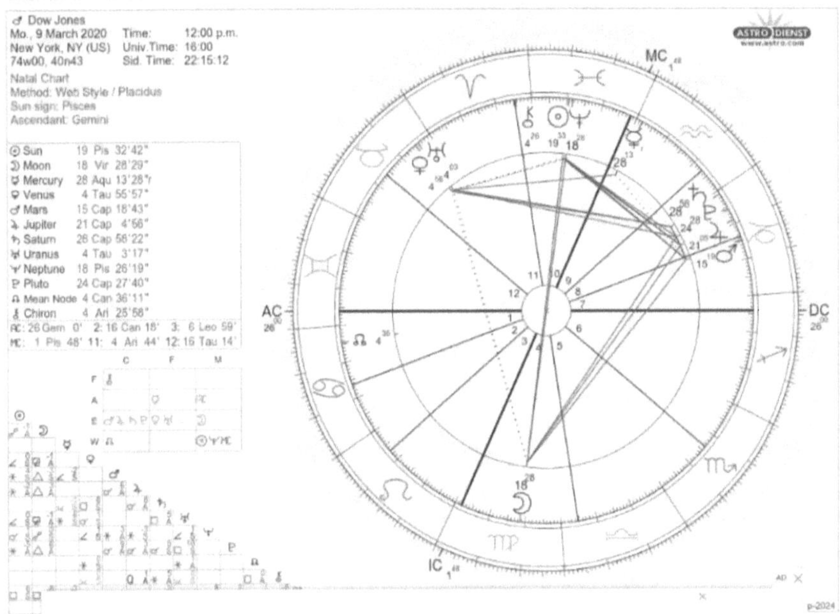

İşte Mars'ın o gün gökyüzündeki hali

18 Aralık 1899'da borsa % -8,72 düştü

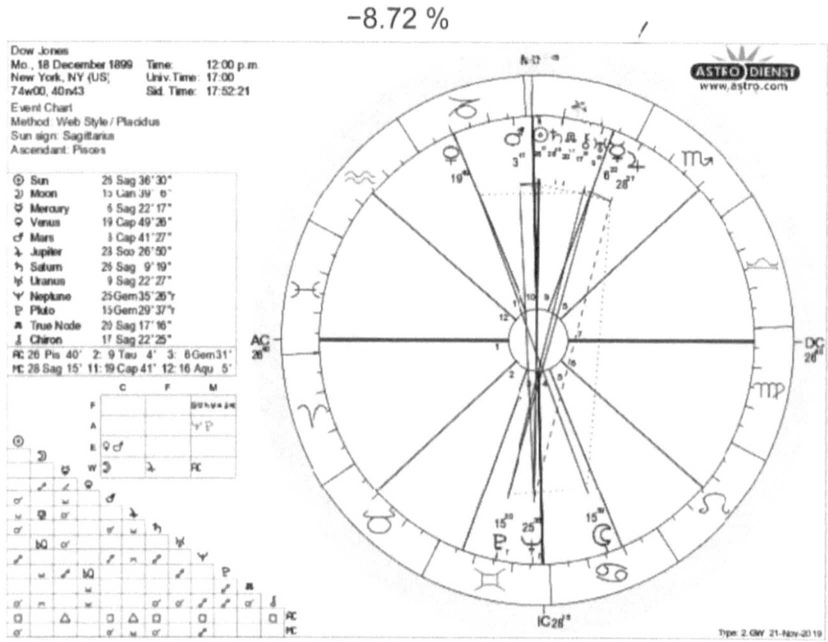

İşte Mars'ın o gün gökyüzündeki konumu

12 Ağustos 1932'de borsa % -8,4 düştü

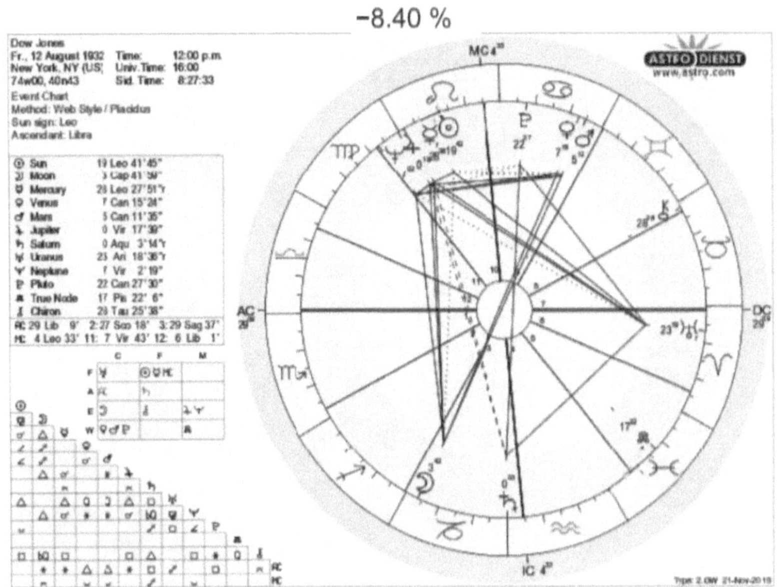

İşte Mars'ın o gün gökyüzündeki konumu

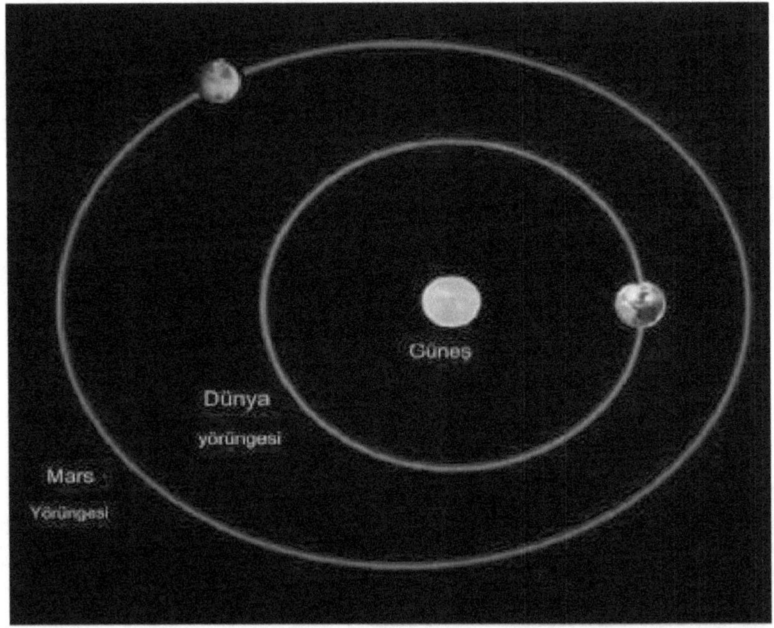

14 Mart 1907'de borsa % -8,29 düştü

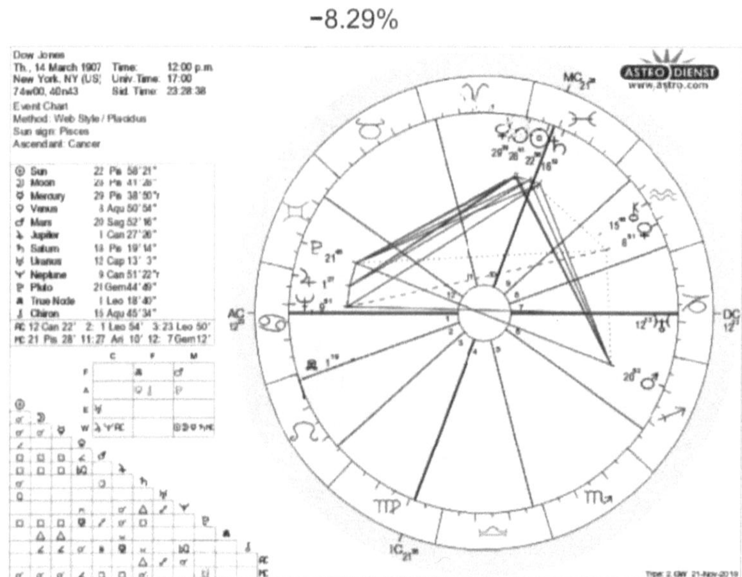

İşte Mars'ın o gün gökyüzündeki konumu

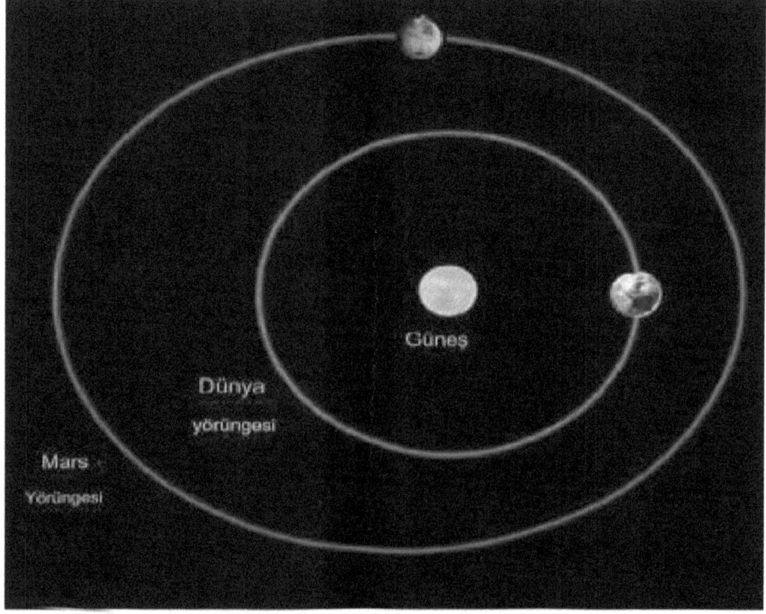

26 Ekim 1987'de borsa % -8,04 düştü

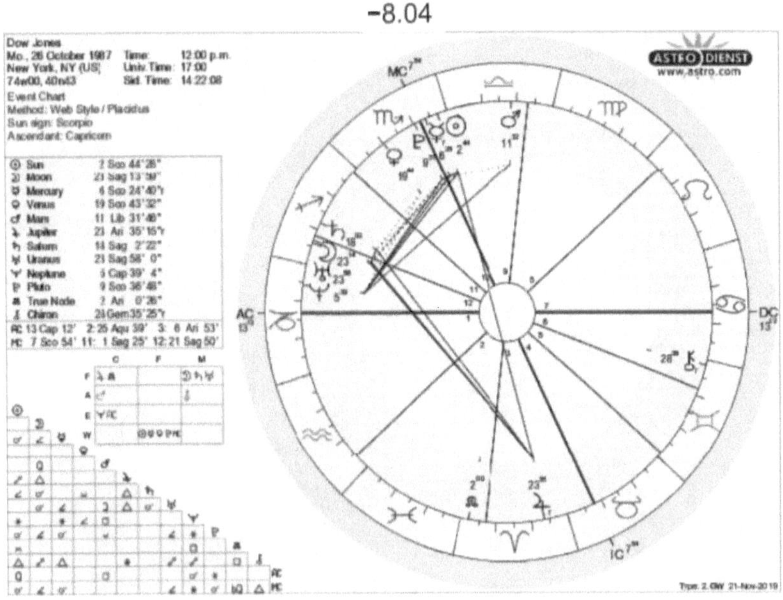

İşte o gün Mars'ın gökyüzündeki konumu

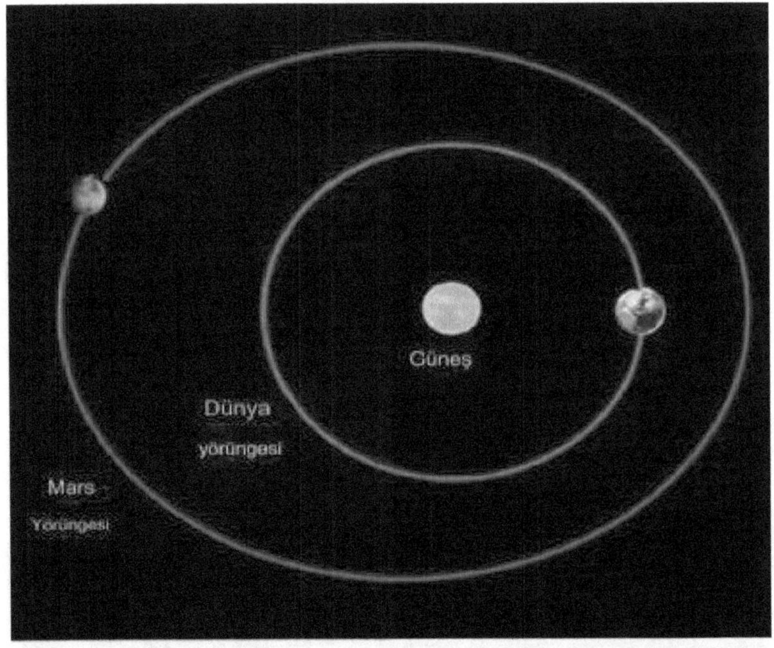

15 Ekim 2008'de borsa % -7,87 düştü

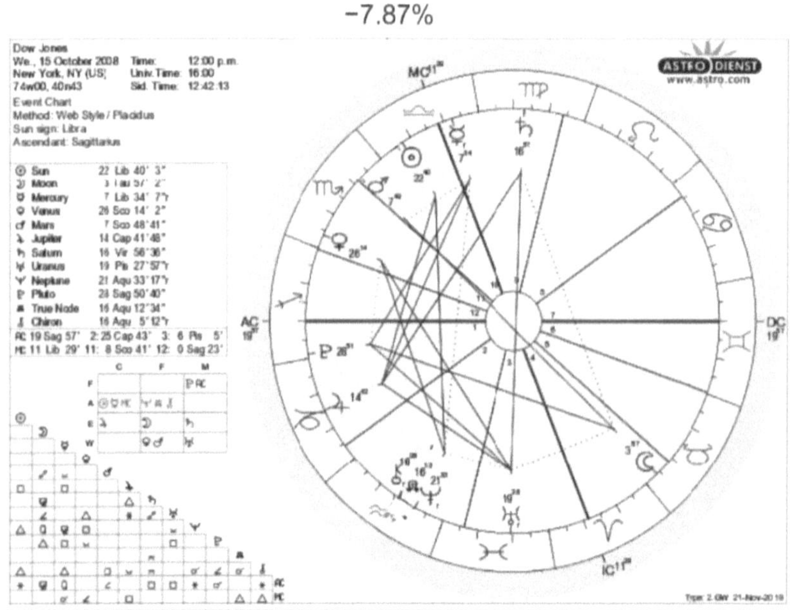

İşte o gün Mars'ın gökyüzündeki konumu

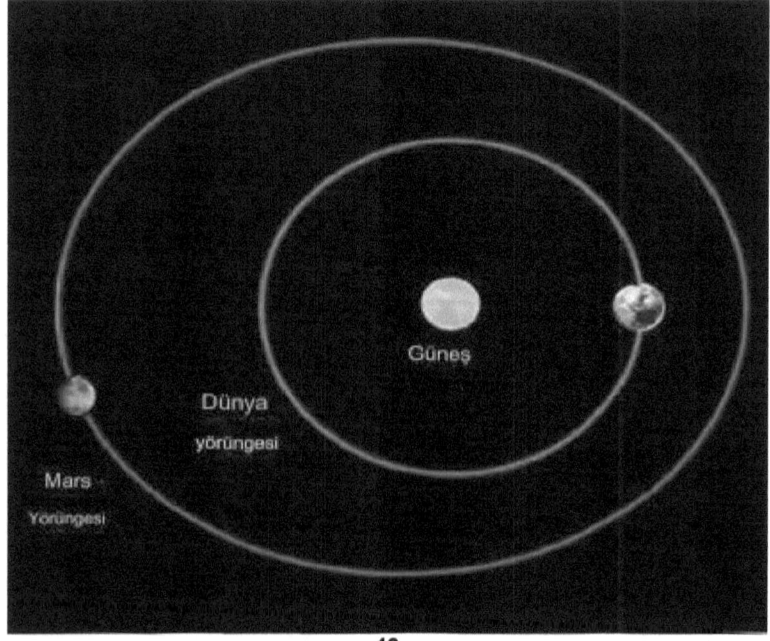

21 Temmuz 1933, Borsa -7.84 düştü

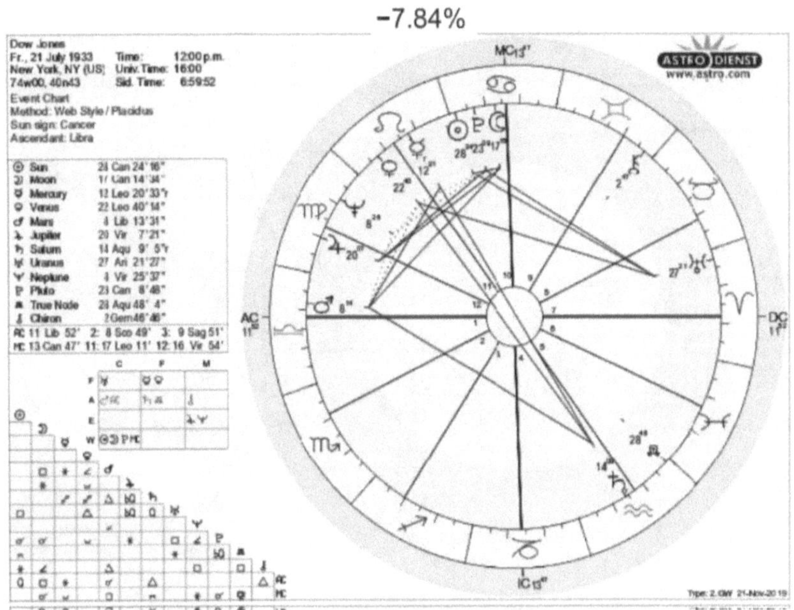

İşte o gün Mars'ın gökyüzündeki konumu

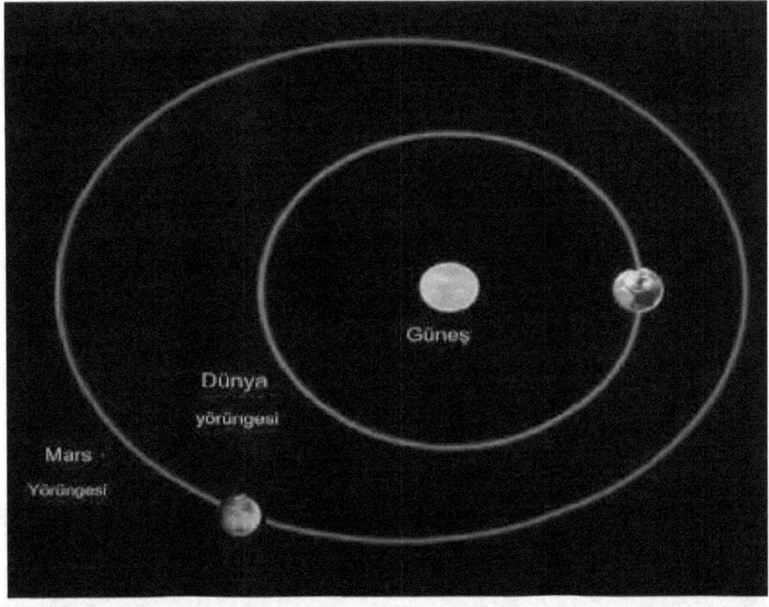

18 Ekim 1937'de borsa % -7,75 düştü

-7.75%

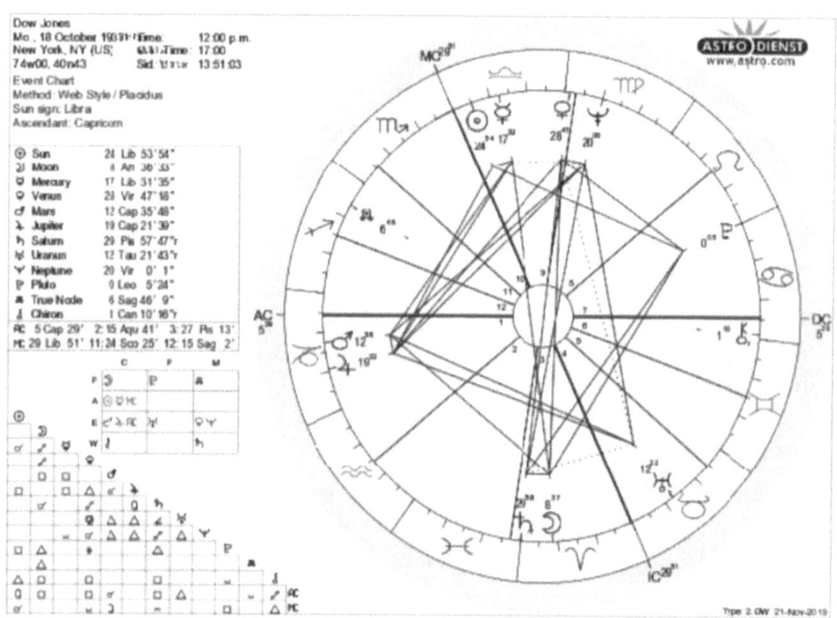

İşte o gün Mars'ın konumu

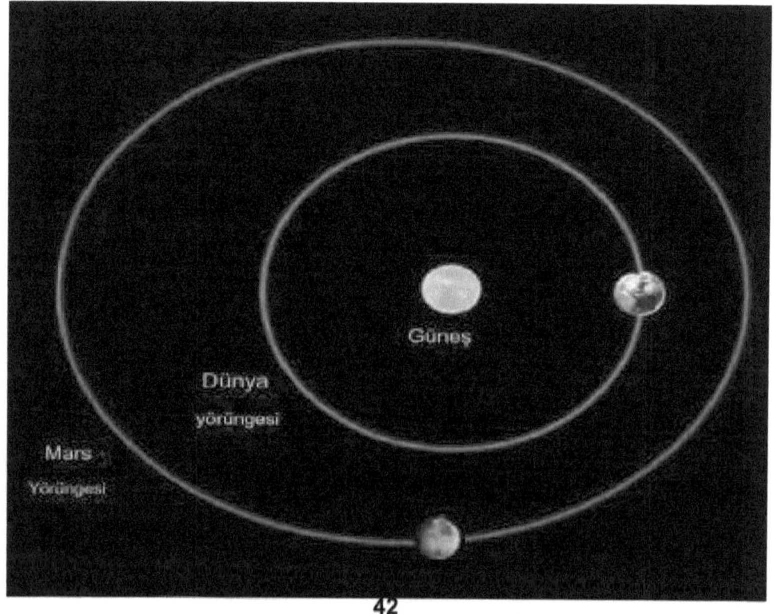

1 Aralık 2008'de borsa % -7,70 düştü

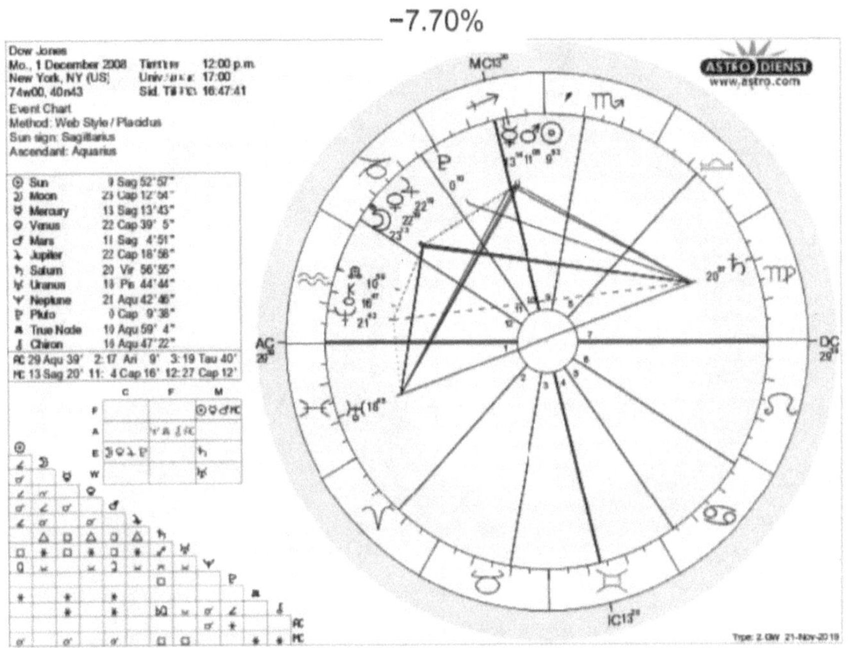

İşte Mars'ın o gün gökyüzündeki konumu

9 Ekim 2008'de borsa % -7,33 düştü

−7.33 %

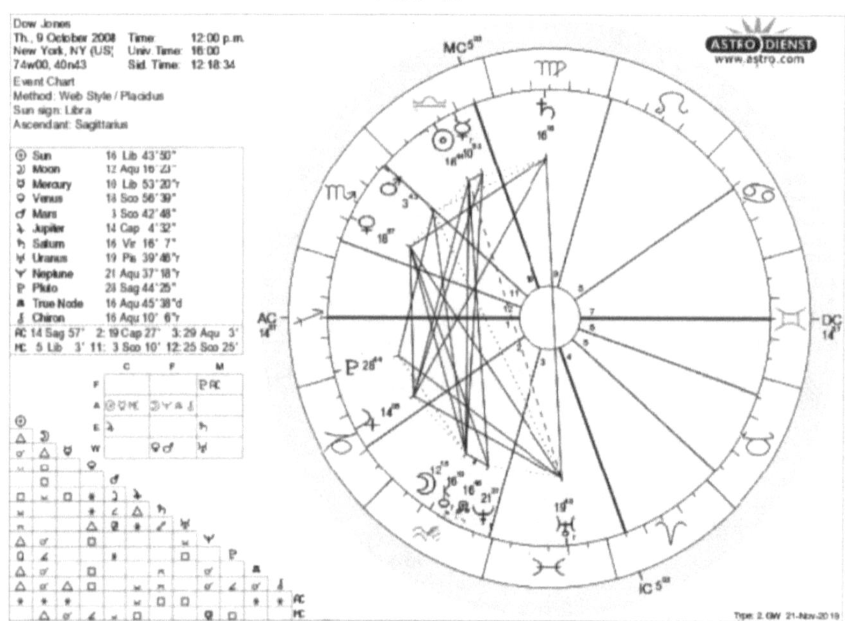

İşte o gün Mars'ın gökyüzündeki konumu

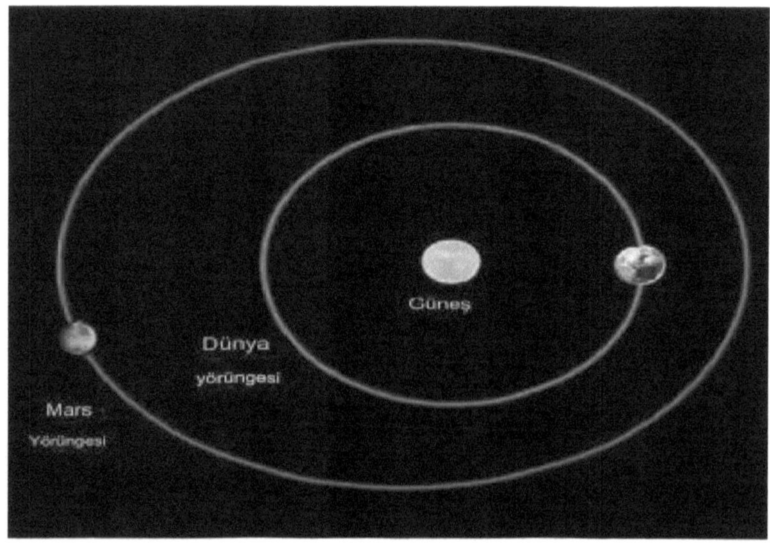

1 Şubat 1917'de borsa % -7,24 düştü

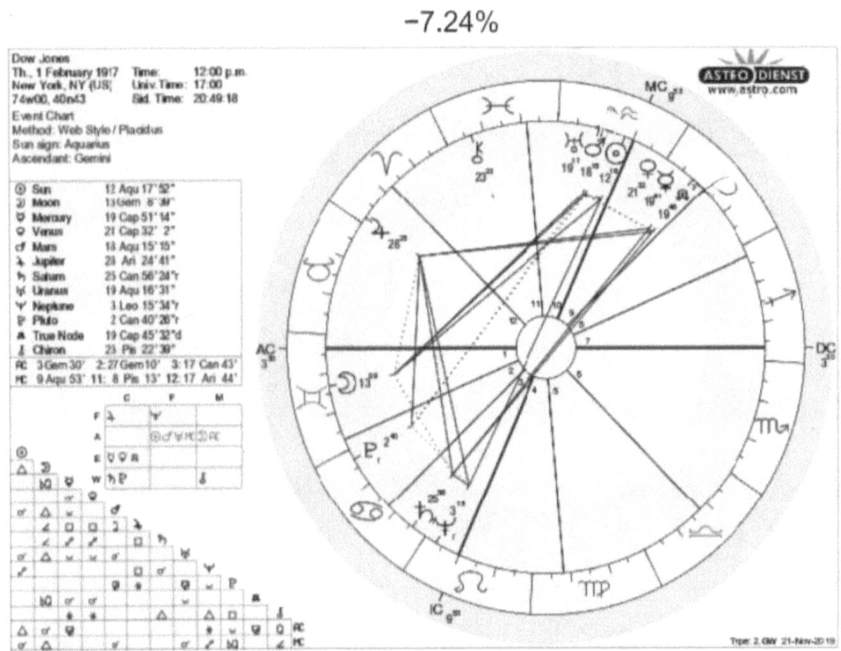

İşte o gün Mars'ın gökyüzündeki konumu

27 Ekim 1997'de borsa %7,18 düştü

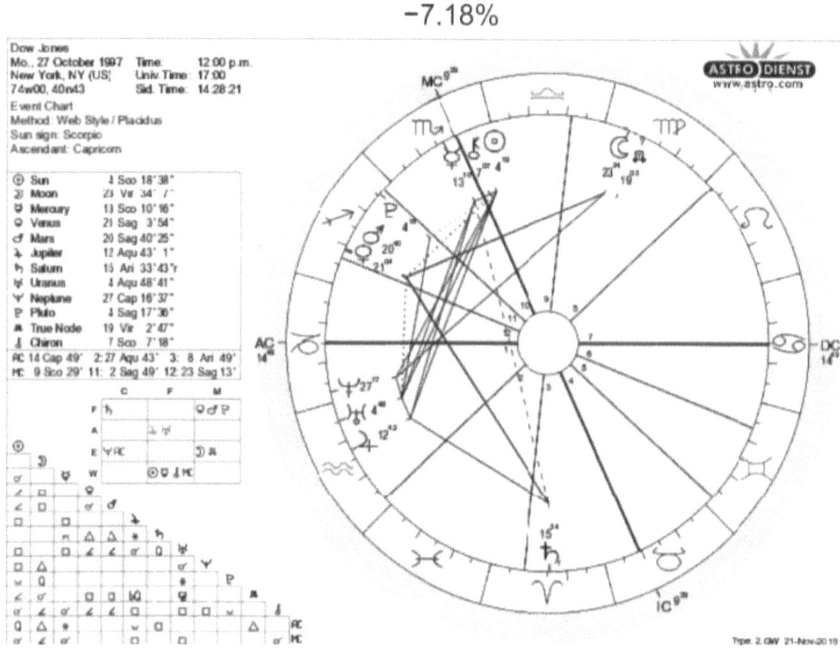

İşte o gün Mars'ın gökyüzündeki konumu

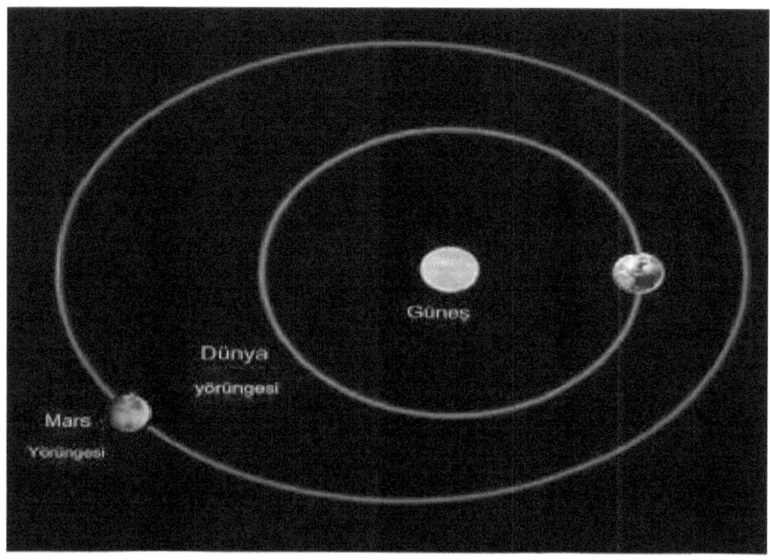

5 Ekim 1932'de borsa %7,15 düştü

-7.15 %

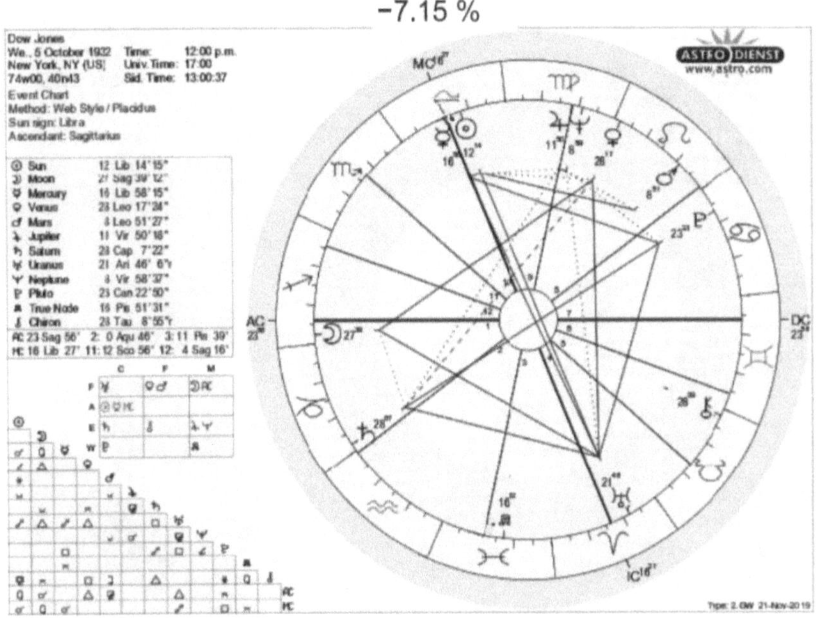

İşte o gün Mars'ın gökyüzündeki konumu

17 Eylül 2001'de borsa % -7,13 düştü

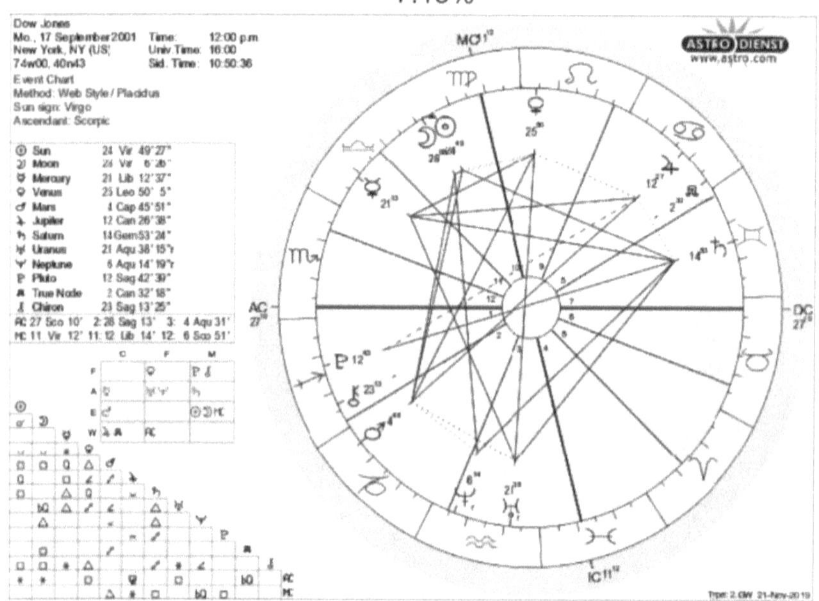

İşte o gün Mars'ın gökyüzündeki konumu

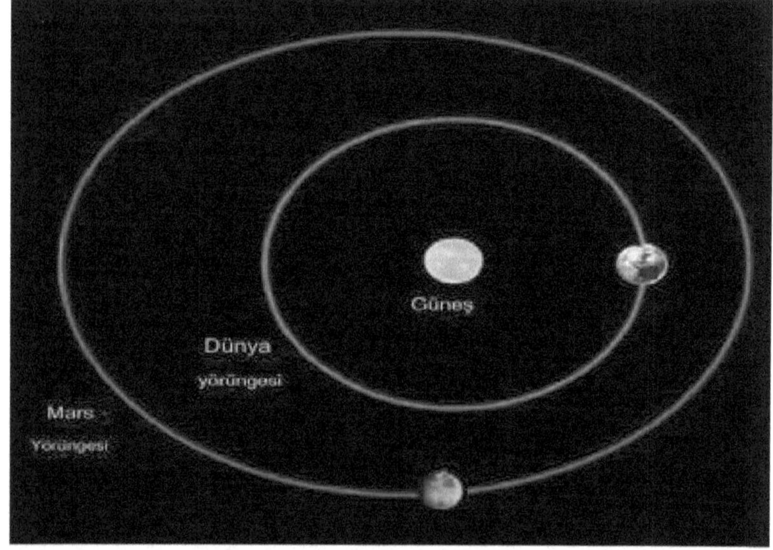

24 Eylül 1931'de borsa % -7,07 düştü

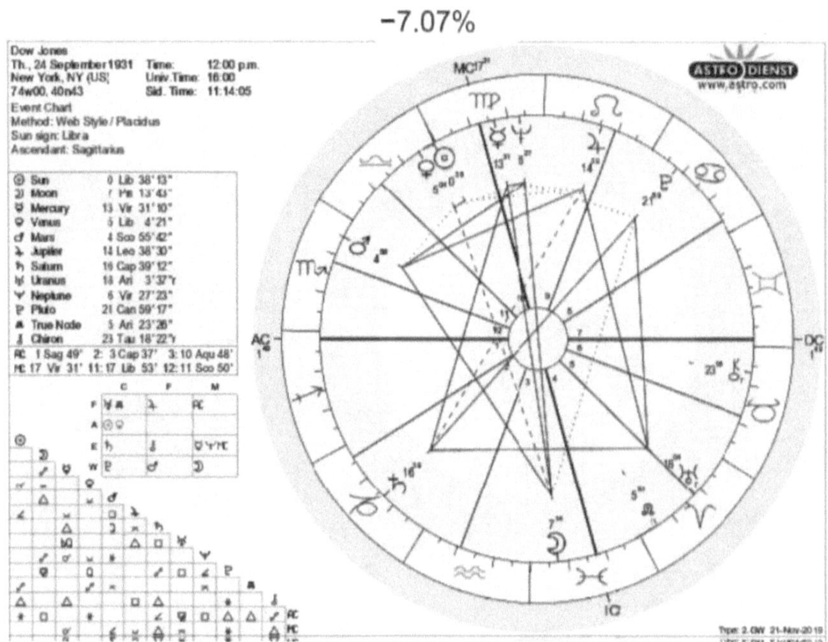

İşte o gün Mars'ın gökyüzündeki konumu

20 Temmuz 1932'de borsa % -7,07 düştü

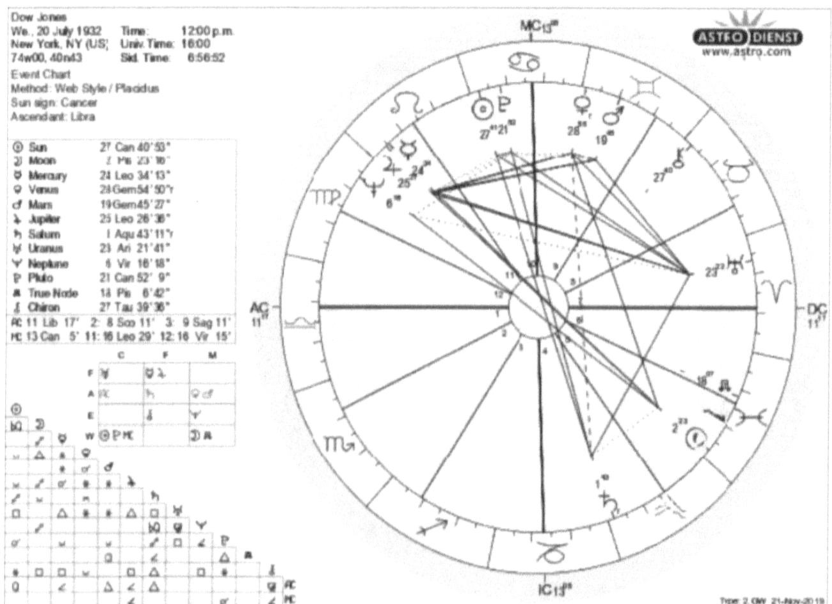

İşte o gün Mars'ın gökyüzündeki konumu

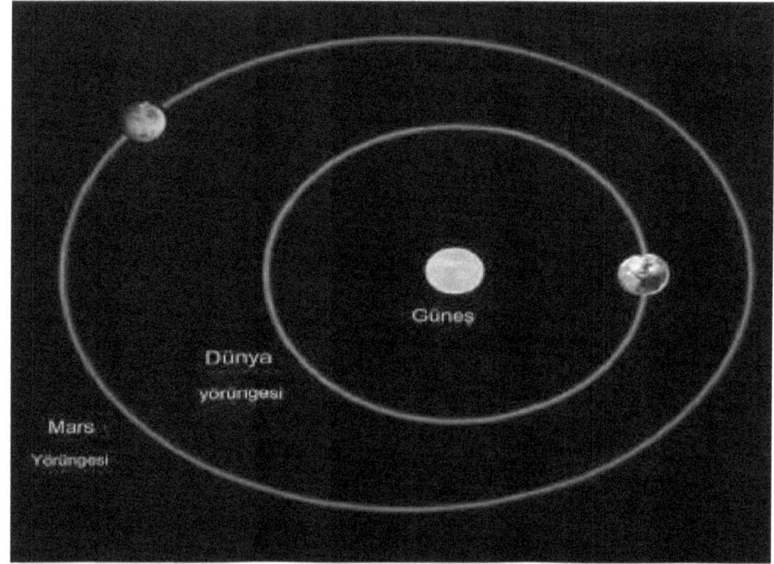

30 Temmuz 1914'te borsa % -6,91 düştü

-6.91%

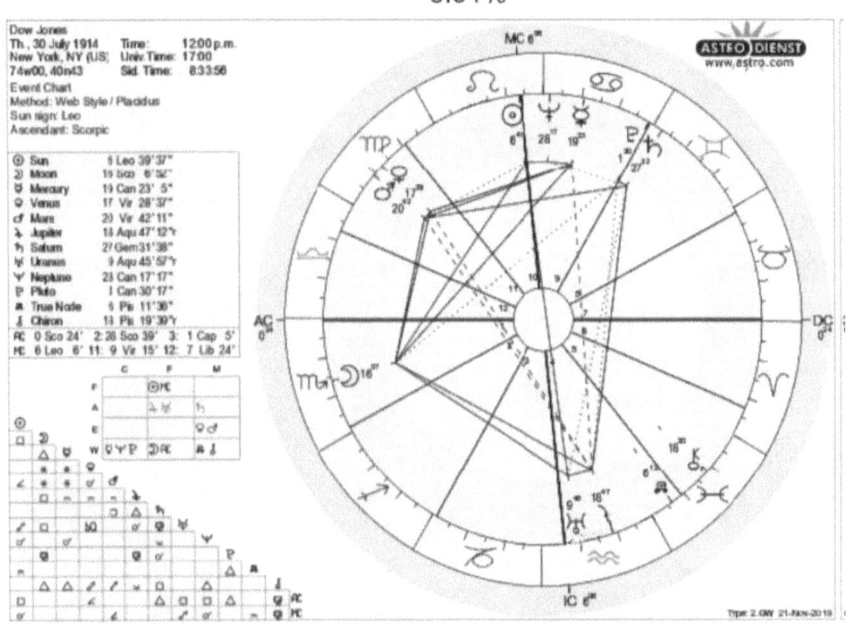

İşte o gün Mars'ın gökyüzündeki konumu

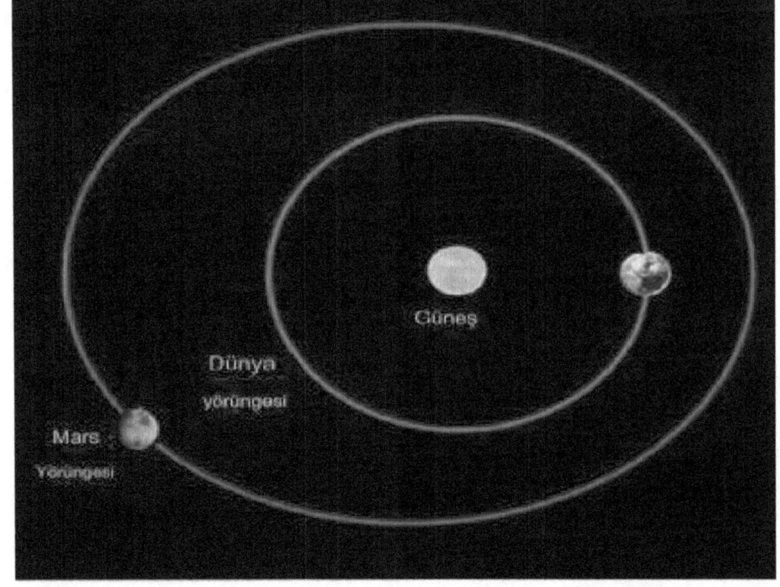

29 Eylül 2008'de borsa düştü - %6,98

-6,98%

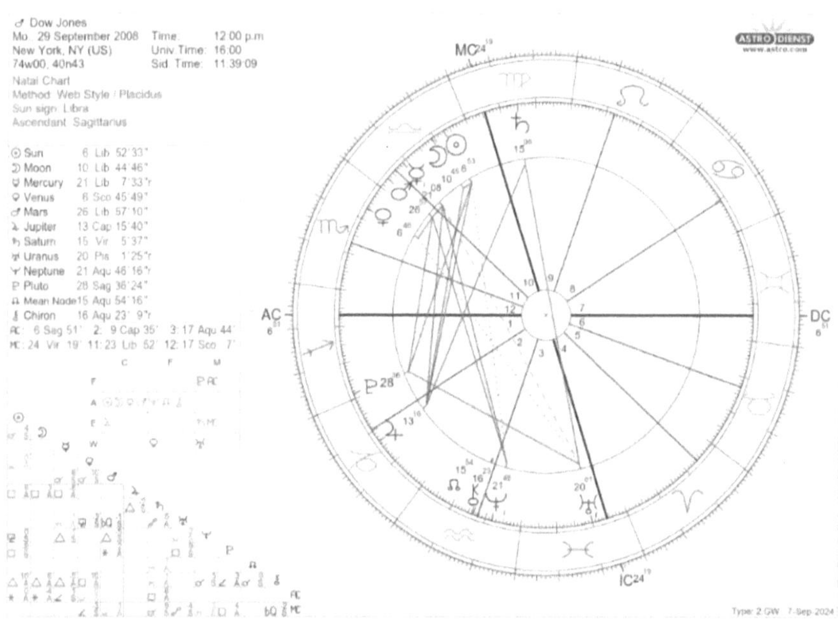

İşte o gün Mars'ın gökyüzündeki konumu

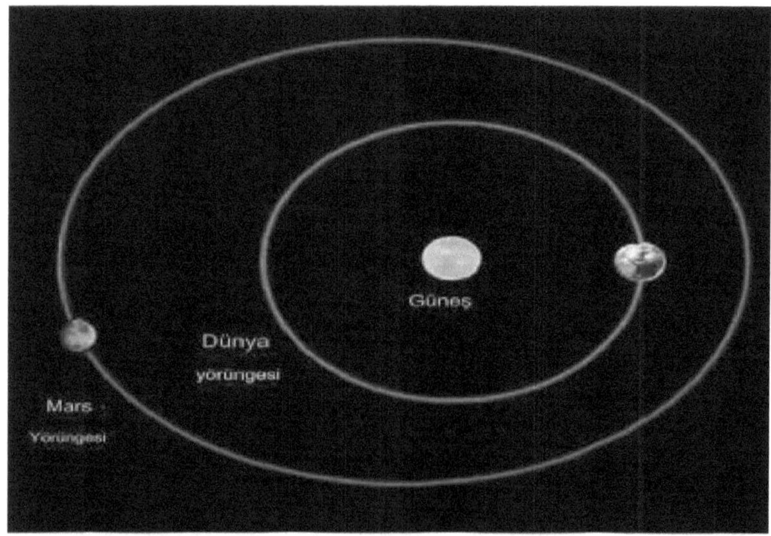

8 Ağustos 2011'de borsa % -5,15 düştü

-5.15%

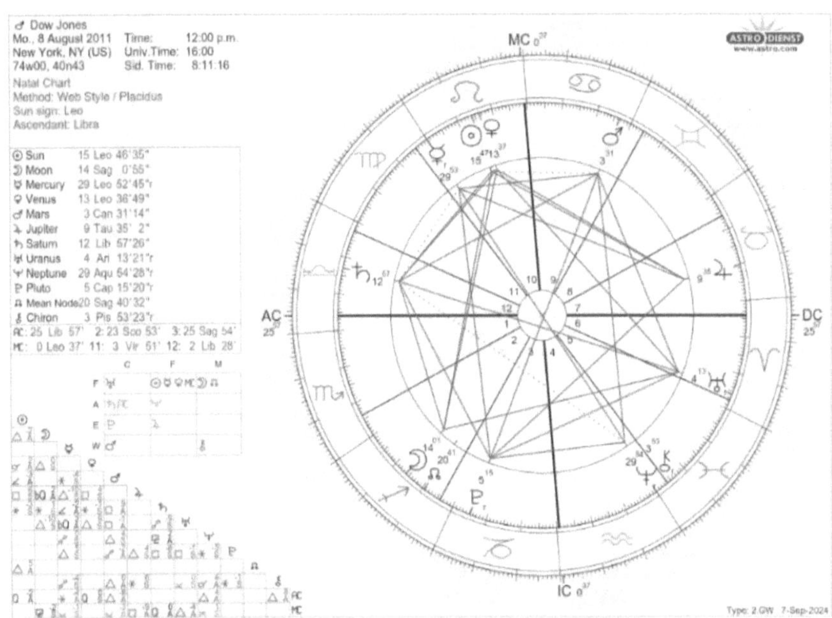

İşte o gün Mars'ın gökyüzündeki konumu

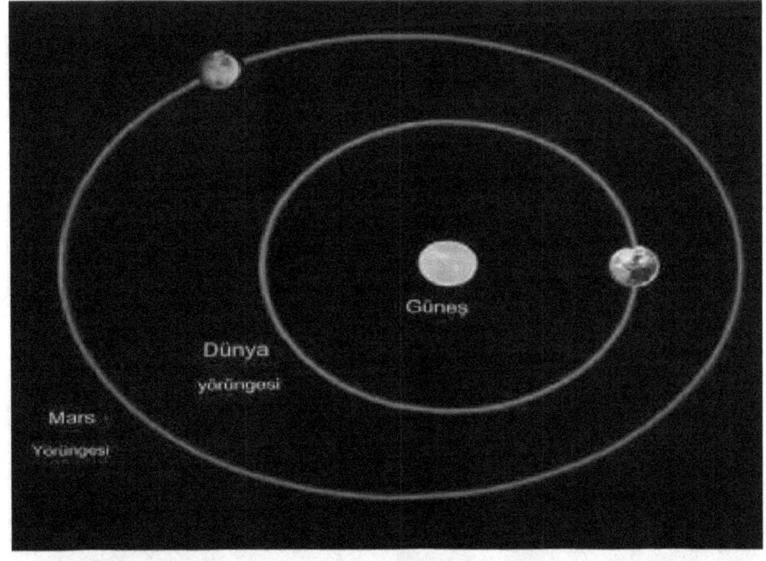

14 Nisan 2000'de borsa % -5,66 düştü

-5.66%

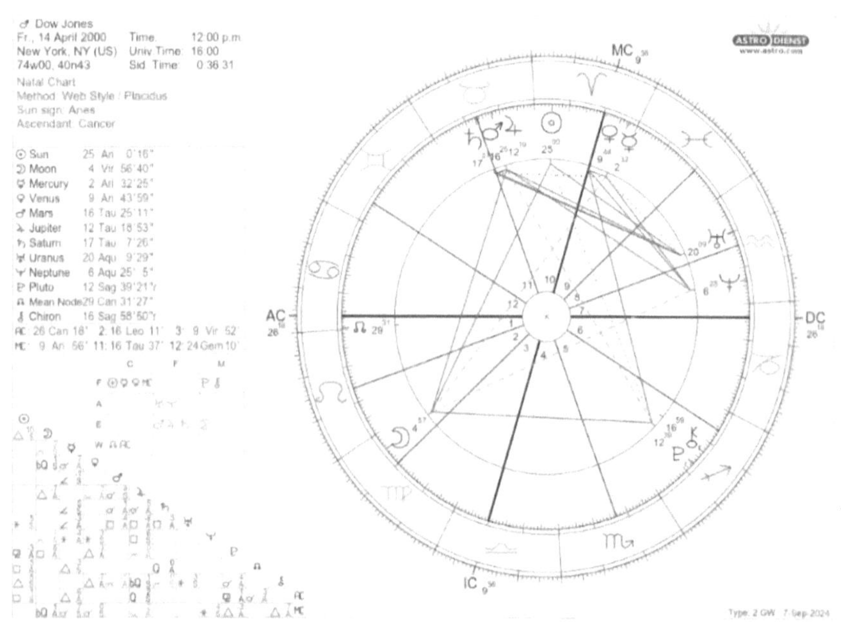

İşte o gün Mars'ın gökyüzündeki konumu

Dow Jones tarihindeki tüm büyük borsa çöküşleri ve düşüşler boyunca Mars, Dünya'nın bakış açısından bakıldığında her zaman beyaz çizgiyle gösterilen yörünge evresindeydi.

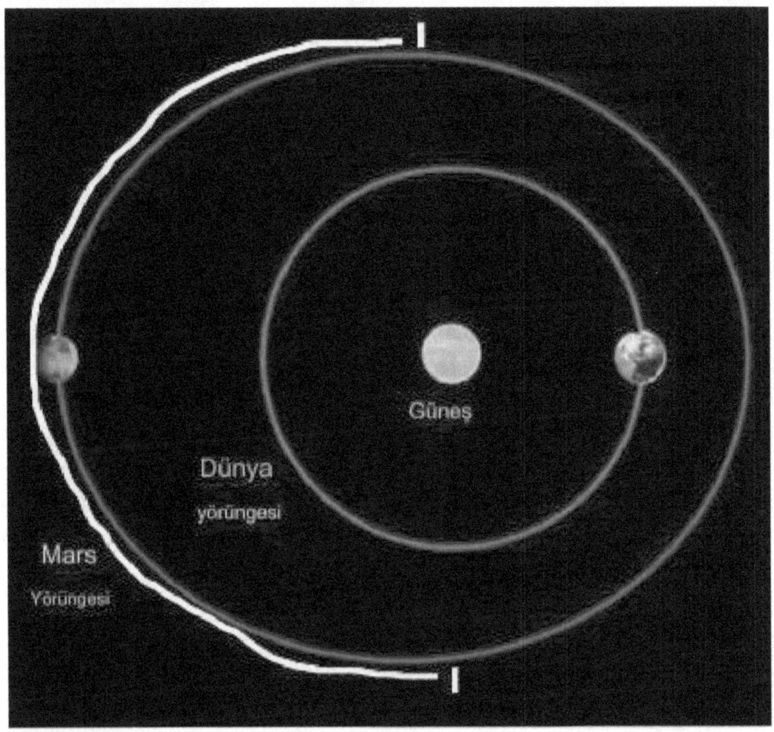

Bu veri, Mars beyaz çizgiyle işaretlenmemiş alanda yörüngedeyken büyük bir borsa çöküşünün asla gerçekleşmeyeceğini gösteriyor. Bunu %100 kesinlikle söyleyebiliriz.

Beyaz alan, Mars'ın Dünya'dan daha da uzaklaştığı yörünge evresidir, ancak aynı zamanda yer çekiminin Dünya'nın eksen eğimini Güneş'e doğru çektiği ve muhtemelen daha sıcak sıcaklıklar getirdiği, yatırımcı duygusunu en olumsuz şekilde etkilemesi gereken evredir, ortalamaya göre daha sıcak sıcaklıkların bilişsel işlevi etkilediği ve bir tür sinirlilik veya karamsarlığı tetiklediği varsayılmaktadır. Daha sıcak sıcaklıklar ve olumsuz ruh halleri arasındaki bu dinamiği doğrulayan çalışmalar vardır.

Beyaz alanın dışında, Mars Dünya'ya yaklaştıkça, Mars'ın yerçekimi Dünya'nın eksen eğimini Güneş'ten uzaklaştırıyor, muhtemelen daha serin sıcaklıklar ve daha az olumsuz ruh hali sonuçları getiriyor, bu da Mars'ın yörüngesinin bu aşamasında neden büyük borsa çöküşlerinin asla gerçekleşmediğini açıklayabilir
Dow Jones endeksinin 1896 ile 2023 yılları arasındaki değişimleri, Mars'ın yörünge evresine göre değişmektedir.
Boston'lu Anthony tarafından

Aşağıdaki verileri analiz etmeden önce bağlam için lütfen bu makaleye bakın
https://www.academia.edu/123648970

Aşağıda, Mars'ın Dünya'nın bakış açısından Güneş'in arkasına geçtiği zaman dilimleri ve Dow Jones'un bu zamanlardaki performansı yer almaktadır. 25 büyük borsa çöküşünün tamamı, Mars beyaz çizginin herhangi bir yerindeyken meydana gelmiştir. Bu, parantez içindeki verilerde belirtilmiştir. Teoriye göre, Mars bu yörünge evresindeyken, yer çekimi Dünya'nın eksenel eğimini Güneş'e doğru çeker, bu da sıcaklığı artırır ve yatırımcı güvenini olumsuz etkiler.

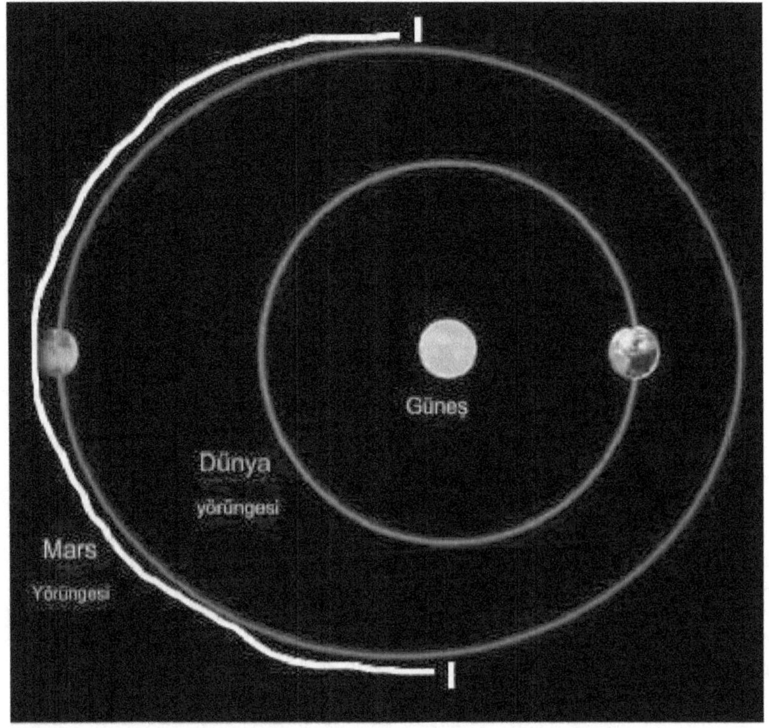

15 Temmuz 1896'dan 1 Eylül 1896'ya kadar Mars güneşin arkasındaydı. Dow Jones % - 3,46 düştü

15 Şubat 1897-18 Ekim 1898, Mars güneşin arkasındaydı. Dow Jones %29 arttı

24 Mart 1899 – 15 Kasım 1900, Mars güneşin arkasındaydı. Dow Jones %-3,14 düştü
(18 Aralık 1899'da borsa %8,72 düştü)

2 Mayıs 1901 - 27 Aralık 1902, Mars Güneş'in arkasındaydı. Dow -14.93% düştü

9 Haziran 1903 - 26 Ocak 1905, Mars Güneş'in arkasındaydı, Dow %23 arttı

1 Ağustos 1905 – 14 Mart 1907, Mars Güneş'in arkasındaydı, Dow -%4,84 düştü
(14 Mart 1907'de borsa %8,29 düştü)

14 Ekim 1907 – 13 Mayıs 1909 – Mars güneşin arkasında, Dow yükseldi +40%

18 Aralık 1909 – 8 Ağustos 1911 – Mars Güneş'in arkasında, Dow % -15,63 düştü

27 Ocak 1912 – 4 Ekim 1913 – Mars Güneş'in arkasında, Dow % -0,30 düştü

11 Mart 1914 – 9 Kasım 1915 – Mars güneşin arkasında, Dow %17,29 yükseldi
(30 Temmuz 1914, borsa %6,91 düştü)

18 Nis 1916 – 12 Ara 1917 – Mars Güneş'in arkasında, Dow % -26,10 düştü
(1 Şubat 1917'de borsa -7.24%) düştü

22 Mayıs 1918 – 14 Ocak 1920 - Mars güneşin arkasında, Dow %23,54 yükseldi

7 Temmuz 1920 – 19 Şubat 1922 – Mars Güneş'in arkasında, Dow % -7,60 düştü

15 Eylül 1922 – 12 Nisan 1924 – Mars Güneş'in arkasında, Dow -%8,78 düştü

23 Kasım 1924 – 10 Temmuz 1926 – Mars güneşin arkasında, Dow yükseldi +36%

16 Ocak 1927 – 15 Eylül 1928 – Mars güneşin arkasında, Dow %45 yükseldi

1 Mart 1929 – 27 Ekim 1930 - Mars Güneş'in arkasında, Dow %38 düştü

(29 Ekim 1929 Borsa çöküşü)
(6 Kasım 1929 Borsa Çöküşü)
28 Mart 1931 – 30 Kasım 1932 - Mars Güneş'in arkasında, Dow -%92,36 düştü
(12 Ağustos 1932, borsa % -8,4 düştü)
(24 Eylül 1931'de borsa %7,07 düştü)
(5 Ekim 1932'de borsa % -7,15 düştü)
(20 Temmuz 1932, borsa %7,07 düştü)
3 Mayıs 1933 – 1 Ocak 1935, Mars güneşin arkasında, Dow yükseldi +37%
(21 Temmuz 1933, Borsa %7,84 düştü)
16 Haziran 1935 – 3 Şubat 1937, Mars güneşin arkasında, Dow %47,67 yükseldi
10 Ağustos 1937 – 22 Mart 1939, Mars Güneş'in arkasında, Dow -%21,97 düştü
(18 Ekim 1937'de borsa %7,75 düştü)
25 Ekim 1939 – 2 Haziran 1941 – Mars Güneş'in arkasında, Dow -%25,90 düştü
31 Aralık 1942 – 28 Ağustos 1943 – Mars güneşin arkasında, Dow %21,05 yükseldi
13 Şubat 1944 – 12 Ekim 1945 – Mars güneşin arkasında, Dow yükseldi +32%
17 Mart 1946 – 18 Kasım 1947 – Mars Güneş'in arkasında, Dow düştü – %4,61
23 Nis 1948 – 18 Ara 1949 – Mars güneşin arkasında, Dow yükseldi +8,78%
29 Mayıs 1950 – 22 Ocak 1952- Mars güneşin arkasında, Dow %22,91 yükseldi
16 Temmuz 1952 – 2 Mart 1954 – Mars güneşin arkasında, Dow %7,72 yükseldi
1 Ekim 1954 - 28 Nisan 1956 – Mars güneşin arkasında, Dow %36,53 yükseldi
7 Aralık 1956 – 25 Temmuz 1958 – Mars güneşin arkasında, Dow %2,42 yükseldi
27 Ocak 1959 – 26 Eylül 1960 – Mars Güneş'in arkasında, Dow -1,68% düştü
5 Mart 1961 – 6 Kasım 1962 – Mars Güneş'in arkasında, Dow -%7,97 düştü
10 Nis 1963 – 6 Ara 1964 – Mars güneşin arkasında, Dow %21,51 yükseldi
17 Mayıs 1965 – 8 Ocak 1967 – Mars Güneş'in arkasında, Dow -%14,02 düştü
26 Haziran 1967 – 14 Şubat 1969 – Mars güneşin arkasında, Dow %8,68 yükseldi
24 Ağustos 1969 - 1 Nisan 1971 – Mars güneşin arkasında, Dow %9,19 yükseldi
17 Kas 1971 – 20 Haz 1973 – Mars güneşin arkasında, Dow %+8,88 yükseldi
15 Ocak 1974 – 9 Eylül 1975 – Mars güneşin arkasında, Dow %2,03 yükseldi
21 Şubat 1976 – 20 Ekim 1977 – Mars Güneş'in arkasında, Dow % -18,33 düştü
29 Mart 1978 – 23 Kasım 1979 – Mars Güneş'in arkasında, Dow %8,27 düştü
1 Mayıs 1980 – 24 Aralık 1981 – Mars güneşin arkasında, Dow %8,21 yükseldi
9 Haziran 1982 – 30 Ocak 1984 – Mars güneşin arkasında, Dow %44 yükseldi
1 Ağustos 1984 – 16 Mart 1986 – Mars güneşin arkasında, Dow %49 yükseldi
15 Ekim 1986 – 19 Mayıs 1988 – Mars güneşin arkasında, Dow %16,03 yükseldi
(19 Ekim 1987 Borsa çöküşü)
(26 Ekim 1987'de borsa %8,04 düştü)
17 Aralık 1988 – 7 Ağustos 1990 – Mars güneşin arkasında, Dow %24,76 yükseldi
6 Şubat 1991 – 5 Ekim 1992 – Mars güneşin arkasında, Dow %14,44 yükseldi
12 Mart 1993 – 10 Kasım 1994 – Mars güneşin arkasında, Dow %10,79 yükseldi
21 Nis 1995 – 13 Ara 1996 – Mars Güneş'in arkasında, Dow %40,92 yükseldi
20 Mayıs 1997 – 14 Ocak 1999 – Mars güneşin arkasında, Dow %26,49 yükseldi
(27 Ekim 1997'de borsa -7.18% düştü)
8 Temmuz 1999 – 22 Şubat 2001 – Mars Güneş'in arkasında, Dow % -3,20 düştü
(14 Nisan 2000, borsa %5,66 düştü)
13 Eylül 2001 – 18 Nisan 2003 – Mars Güneş'in arkasında, Dow % -9,25 düştü
(17 Eylül 2001, borsa %7,13 düştü)
1 Aralık 2003 – 12 Temmuz 2005 – Mars güneşin arkasında, Dow %8,13 yükseldi
17 Ocak 2006 – 17 Eylül 2007 – Mars güneşin arkasında, Dow %21,00 yükseldi
27 Şubat 2008 – 28 Ekim 2009 – Mars Güneş'in arkasında, Dow % -16,66 düştü
(15 Ekim 2008, borsa %7,87 düştü)

(29 Eylül 2008'de borsa %6,98 düştü)
(9 Ekim 2008, borsa %7,33 düştü)
(1 Aralık 2008'de borsa %7,70 düştü)
5 Nis 2010 – 1 Ara 2011 – Mars Güneş'in arkasında, Dow %12,35 yükseldi
(8 Ağustos 2011, borsa %5,15 düştü)
8 Mayıs 2012 – 2 Ocak 2014 – Mars Güneş'in arkasında, Dow yükseldi + 24.46%
15 Haz 2014 – 8 Şub 2016 – Mars Güneş'in arkasında, Dow % -2,81 düştü
15 Ağustos 2016 – 23 Mart 2018 – Güneşin arkasında Mars, Dow %24 yükseldi
4 Kas 2018 – 7 Haz 2020 – Mars Güneş'in arkasında, Dow %7,28 yükseldi
(9, 12 ve 16 Mart 2020, Borsa Çöküşü)
1 Ocak 2021 – 27 Ağustos 2022 - Güneşin arkasında Mars, Dow %5,48 yükseldi

Aşağıda, Mars'ın Dünya'nın bakış açısından Güneş'in önünden geçtiği zaman dilimleri ve Dow Jones'un bu zamanlardaki performansı gösterilmektedir. Mars beyaz çizginin herhangi bir yerindeyken büyük borsa çöküşleri yaşanmamıştır (aşağıya bakın). Bu, verilerde belirtilmiştir. Teoriye göre, Mars bu yörünge evresindeyken, yer çekimi Dünya'nın eksenel eğimini Güneş'ten uzaklaştırır, soğumayı artırır ve yatırımcı güvenini olumlu etkiler.

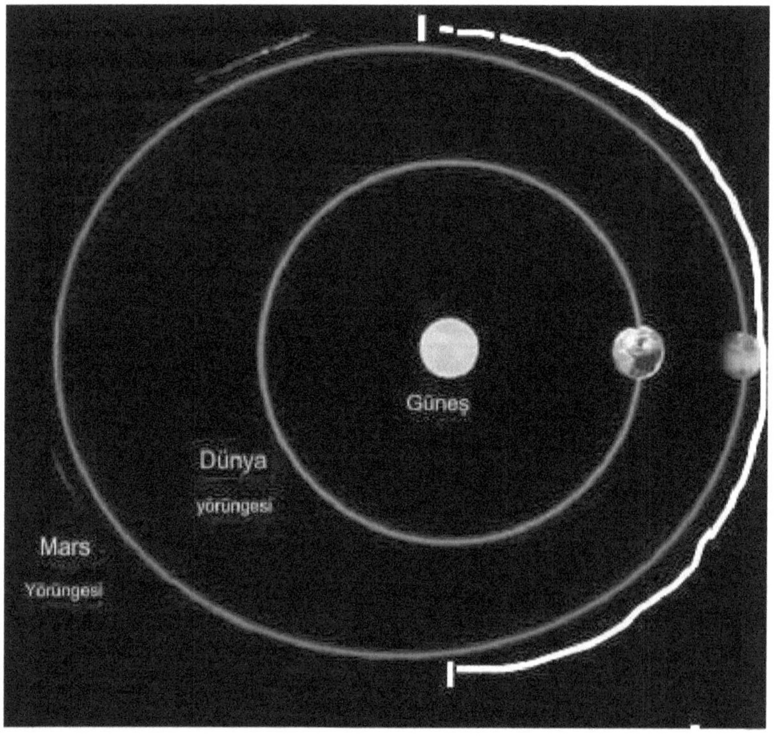

2 Eylül 1896'dan 13 Şubat 1897'ye kadar Mars güneşin önündeydi. Dow Jones %22 arttı
19 Ekim 1898 - 23 Mart 1899, Mars güneşin önünde, Dow Jones +32.90 yükseldi
16 Kasım 1900 – 1 Mayıs 1901, Mars güneşin önündeydi. Dow Jones %13,49 yükseldi
28 Aralık 1902 - 9 Haziran 1903, Mars Güneş'in önündeydi, Dow -10.09% düştü
27 Ocak 1905 – 31 Temmuz 1905, Mars Güneş'in önündeydi, Dow Jones %16 arttı
15 Mart 1907 – 13 Ekim 1907 – Güneşin önünde Mars Dow -%18,70 düştü
14 Mayıs 1909 – 17 Aralık 1909 - Mars Güneş'in önünde, Dow +8.23 yükseldi
9 Ağustos 1911 – 26 Ocak 1912 – Mars Güneş'in önünde, Dow % -0,53 düştü
5 Ekim 1913 - 9 Mart 1914 – Mars Güneş'in önünde, Dow %1,17 yükseldi
10 Kas 1915 – 18 Nis 1916 – Mars Güneş'in önünde Dow %0,04 yükseldi

13 Aralık 1917 – 21 Mayıs 1918 – Mars Güneş'in önünde, Dow %21 yükseldi
15 Ocak 1920 – 6 Temmuz 1920 – Mars Güneş'in önünde, Dow % -8,06 düştü
20 Şubat 1922 – 14 Eylül 1922 – Mars Güneş'in önünde, Dow %18,33 arttı
13 Nisan 1924 – 22 Kasım 1924 – Mars Güneş'in önünde, Dow %19,21 yükseldi
11 Temmuz 1926 – 15 Ocak 1927 – Mars Güneş'in önünde, Dow %+0,47 yükseldi
16 Eylül 1928 – 28 Şubat 1929 – Güneşin önünde Mars Dow yükseldi +29%
28 Ekim 1930 – 27 Mart 1931- Mars Güneş'in önünde, Dow % -7,81 düştü
30 Kasım 1932 – 2 Mayıs 1933, Mars güneşin önünde, Dow %35 yükseldi
2 Ocak 1935 – 15 Haziran 1935, Mars Güneş'in önünde, Dow %14,15 yükseldi
4 Şubat 1937 – 9 Ağustos 1937, Mars Güneş'in önünde, Dow % -0,31 düştü
23 Mart 1939 – 24 Ekim 1939 – Mars güneşin önünde, Dow %11,45 yükseldi
3 Haziran 1941 – 30 Aralık 1941 – Mars Güneş'in önünde, Dow % -3,81 düştü
29 Ağustos 1943 – 12 Şubat 1944 – Mars Güneş'in önünde, Dow % -0,11 düştü
13 Ekim 1945 – 16 Mart 1946 – Mars Güneş'in önünde, Dow %4,87 yükseldi
19 Kasım 1947 – 22 Nisan 1948 – Mars Güneş'in önünde, Dow yükseldi +0,91%
19 Aralık 1949 – 28 Mayıs 1950 – Mars Güneş'in önünde, Dow %11,49 yükseldi
23 Ocak 1952 – 15 Temmuz 1952 – Mars Güneş'in önünde, Dow %+0,64 yükseldi
3 Mart 1954 – 1 Ekim 1954 – Mars Güneş'in önünde, Dow %19,25 yükseldi
29 Nisan 1956 – 7 Aralık 1956 – Mars Güneş'in önünde, Dow % -3,00 düştü
26 Temmuz 1958 – 26 Ocak 1959 - Mars Güneş'in önünde, Dow %16,86 yükseldi
27 Eylül 1960 – 5 Mart 1961 – Mars Güneş'in önünde, Dow %15,37 yükseldi
7 Kas 1962 – 9 Nis 1963 – Mars Güneş'in önünde, Dow %14,72 yükseldi
7 Aralık 1964 – 16 Mayıs 1965 – Mars Güneş'in önünde, Dow %7,70 yükseldi
9 Ocak 1967 – 25 Haziran 1967 – Mars Güneş'in önünde, Dow %+8,43 yükseldi
15 Şubat 1969 – 23 Ağustos 1969 – Mars Güneş'in önünde, Dow % -12,54 düştü
2 Nis 1971 – 16 Kas 1971 – Mars Güneş'in önünde, Dow % -9,42 düştü
21 Haziran 1973 – 14 Ocak 1974 – Mars Güneş'in önünde, Dow % -3,98 düştü
10 Eylül 1975 – 20 Şubat 1976 – Mars Güneş'in önünde, Dow %18,21 yükseldi
21 Ekim 1977 – 28 Mart 1978 – Mars Güneş'in önünde, Dow % -6,84 düştü
24 Kas 1979 – 30 Nis 1980 – Mars güneşin önünde, Dow %1,17 yükseldi
25 Aralık 1981 – 8 Haziran 1982 – Mars Güneş'in önünde, Dow % -8,11 düştü
1 Şubat 1984 – 30 Temmuz 1984 – Mars güneşin önünde, Dow yükseldi -%9,10
17 Mart 1986 – 14 Ekim 1986 – Mars güneşin önünde, Dow %1,18 yükseldi
20 Mayıs 1988 – 16 Aralık 1988 – Mars güneşin önünde, Dow %10,03 yükseldi
8 Ağustos 1990 – 5 Şubat 1991 – Mars Güneş'in önünde, Dow %+3,77 yükseldi
6 Ekim 1992 – 11 Mart 1993 – Mars Güneş'in önünde, Dow yükseldi + 8.58%
11 Kas 1994 – 20 Nis 1995 – Mars Güneş'in önünde, Dow %10,37 yükseldi
14 Aralık 1996 – 19 Mayıs 1997 – Mars Güneş'in önünde, Dow %14,24 yükseldi
15 Ocak 1999 – 7 Temmuz 1999 – Mars Güneş'in önünde, Dow %21,08 yükseldi
23 Şubat 2001 – 12 Eylül 2001 – Mars Güneş'in önünde, Dow %8 düştü
19 Nis 2003 – 30 Kas 2003 – Mars Güneş'in önünde, Dow %16 yükseldi
13 Temmuz 2005 – 16 Ocak 2006 – Mars Güneş'in önünde, Dow %4,30 yükseldi
18 Eylül 2007 – 26 Şubat 2008 – Mars Güneş'in önünde, Dow -4.71 düştü
29 Ekim 2009 – 4 Nisan 2010 – Mars Güneş'in önünde, Dow %12,09 yükseldi
2 Aralık 2011 – 7 Mayıs 2012 – Mars Güneş'in önünde, Dow %+8,17 yükseldi
3 Ocak 2014 – 14 Haziran 2014 – Mars Güneş'in önünde, Dow %2,27 yükseldi
9 Şubat 2016 – 14 Ağustos 2016 – Mars Güneş'in önünde, Dow %15,08 yükseldi
24 Mar 2018 – 3 Kas 2018 – Mars Güneş'in önünde, Dow %7,69 yükseldi
8 Haz 2020 – 31 Ara 2020 – Mars Güneş'in önünde, Dow %16,45 yükseldi
28 Ağu 2022 – 19 Şub 2023 – Mars Güneş'in önünde, Dow %4,78 yükseldi

Bölüm III

Bu makalenin gösterdiği şeyle ilgili ilgili bağlamı elde etmek için, bu fikrin ilk kez kamuoyuna duyurulmasından yaklaşık 5 yıl sonra, Mart 2024'te Nature Communications'da yayınlanan yakın tarihli bir çalışmayı hesaba katmak önemlidir. Mart 2024'te yayınlanan bu çalışmada, araştırmacılar Mars'ın Dünya'nın eğimine bir çekim kuvveti uyguladığını, Dünya'yı daha sıcak sıcaklıklara ve daha fazla güneş ışığına maruz bıraktığını keşfettiler, hepsi 2,4 milyon yıllık bir döngü içinde. Bunun, daha küçük zaman dilimlerinde bile Mars'ın Dünya'nın eksenel eğimine hala bir çekim kuvveti uyguladığını, Dünya'nın bakış açısından Mars Güneş'in arkasına geçtiğinde sıcaklıkları artırmaya veya Güneş'in önüne geçtiğinde sıcaklıkları düşürmeye yetecek bir çekim kuvveti uyguladığını varsaymamızı sağladığını iddia ediyorum. Bu, diğer dinamikler yağışa yol açan sıcaklık bozulmalarını tetiklerse yağışı etkileyecektir.

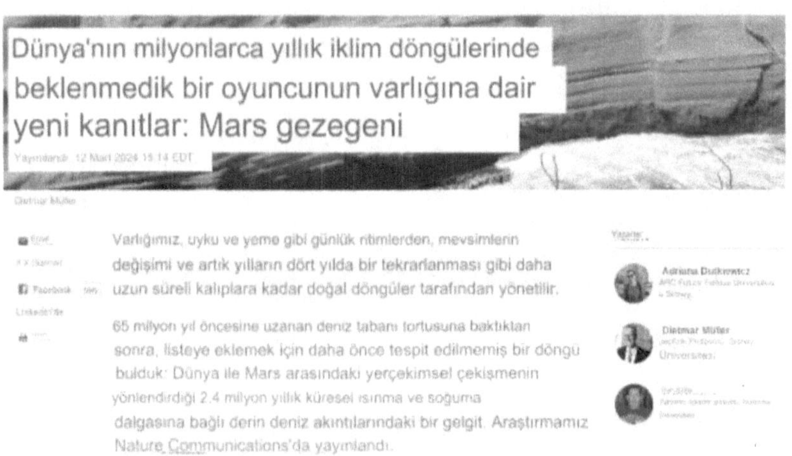

2014 yılında Washington Üniversitesi'nden iki bilim insanı 15 yıllık iklim verilerini inceledi ve ay sayımlarının yağışı etkilediğini keşfetti. Tsubasa Kohyama ve profesörü John Wallace 1998 ile 2012 yılları arasındaki 15 yıllık yağış verilerini inceledi ve Ay'ın bizim bakış açımızdan, Dünya'nın üzerinde veya ayaklarımızın altında durduğumuzdaki konumunun, hava basıncının artmasına, bunun da daha yüksek sıcaklıklara, daha fazla emilen neme ve daha az yağışa yol açtığını buldu. Ancak, etki tüm yağış değişimlerinin yalnızca %1'iydi ancak veriler Ay'ın konumunu yağışla ilişkilendirmek için yeterince önemliydi. Bizim bakış açımızdan doğarken veya batarken, yağış teorik olarak daha yüksek olmalıydı. Ancak çalışmaya göre meridyende Ay yağışı azaltıyor. Bu çalışmanın arkasındaki bilim, Ay'ın yer çekiminin Dünya atmosferini daha yükseğe çekerek hava basıncını artırmasıdır. Bu olduğunda, alttaki hava daha sıcak hale gelir ve daha fazla nem emebilir. Bu çalışma, Ay'ın konumunu yağış tetikleyicimiz olarak kullanmamızı sağlar. Ayrıca, Ay'ın Dünya'nın salınımı üzerinde dengeleyici bir etkiye sahip olduğu anlaşıldığından, Ay'ın Mars'a göre konumunun, Dünya'nın eksen eğikliği üzerindeki Mars'ın çekim gücüne karşı geçici bir zıt etki oluşturduğunu söyleyebiliriz; yani Ay, Mars'ın karşısına geldiğinde, Dünya üzerindeki Mars'ın çekim gücünün beslediği mevcut eğilimden anlık olarak sıcaklıkları değiştirebilir.

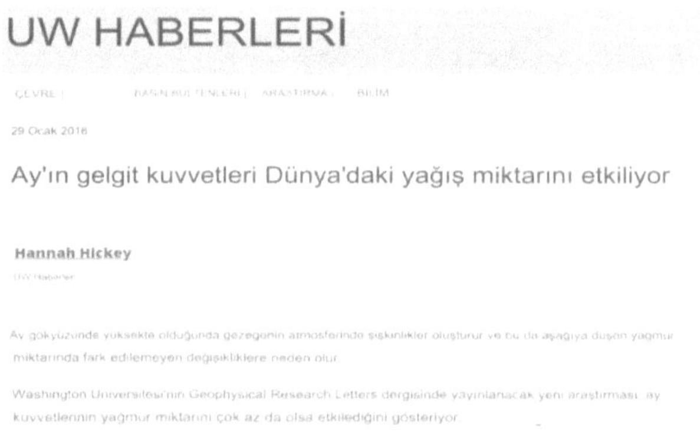

UW HABERLERİ

ÇEVRE | BASIN BÜLTENLERİ | ARAŞTIRMA | BİLİM

29 Ocak 2016

Ay'ın gelgit kuvvetleri Dünya'daki yağış miktarını etkiliyor

Hannah Hickey
UW Haberler

Ay gökyüzünde yüksekte olduğunda gezegenin atmosferinde şişkinlikler oluşturur ve bu da aşağıya düşen yağmur miktarında fark edilemeyen değişikliklere neden olur.

Washington Üniversitesi'nin Geophysical Research Letters dergisinde yayınlanacak yeni araştırması ay kuvvetlerinin yağmur miktarını çok az da olsa etkilediğini gösteriyor.

Mars'ın güneş etrafındaki dönüşü ve bunun yeryüzündeki iklim kalıpları ve insan davranışlarıyla bağlantısı hakkındaki bu yeni anlayışla, bu dinamiğin yağışı tahmin etmede nasıl işleyeceğini tahmin edebiliriz. Yağışın temel varsayımı, daha sıcak havanın, daha soğuk hava gelene ve su buharının yoğunlaşma adı verilen bir sürece girmesine neden olana kadar nemi/su buharını tutabilmesidir; bu da su buharlarını sıvı damlacıklarına veya yağmur olarak bildiğimiz şeye dönüştürür. Mars'ın yağmur için koşulları nasıl yaratabildiğini anlamak, yağış olaylarını çok daha verimli bir şekilde tahmin etmemize yardımcı olacaktır. Şimdiye kadar, Mars'ın güneşin arkasına geçtiğinde, Dünya'nın bakış açısından, Dünya'nın eksenel eğimine uyguladığı kütle çekim kuvvetinin Dünya'yı daha fazla güneş ışığına ve daha sıcak sıcaklıklara maruz bırakabileceği varsayılmıştır. Mars, Dünya'nın bakış açısından Güneş'in önüne geçtiğinde, Dünya'nın eksenel eğimine uyguladığı kütle çekim kuvveti, Dünya'yı Güneş'ten uzaklaştırır; bu da daha az güneş ışığına, daha az ısıya ve daha fazla soğumaya neden olmalıdır. Bu yönleri göz önünde bulundurarak, bu dinamiği bu olayın gerçekleştiği mevsimlere uygulayabiliriz; bu da daha sıcak havanın daha soğuk havayla ne zaman karışacağını veya tam tersinin gerçekleşeceğini ve nemin çökerek yağmura dönüşmesi için gerekli koşulları yaratacağını tahmin etmemize olanak tanır.

İşte ne demek istediğime dair bir örnek. Bir takvim yılındaki daha sıcak aylar, 20 Mart civarında başlayıp 20 Eylül'e kadar süren ilkbahar ve yazdır. Mars değişkeninden etkilenmediği sürece, yılın bu zamanında havada daha fazla nem ve daha az yağmur olacağını sabit olarak sürdürebiliriz; yani eğer Mars bu dönemde güneşin arkasında hareket ediyorsa, Dünya'nın güneş ışığına ve sıcaklığa maruz kalmasını artırıyorsa, yağışın daha az olması beklenebilir ve bu da o yılki ilkbahar ve yazın daha kuru olacağını tahmin etmemizi sağlar. Tam tersi ise, yani Mars ilkbahar ve yaz aylarında güneşin önünde hareket ediyorsa, Dünya'nın eğimini uzaklaştırıyorsa, Dünya'yı daha az güneş ışığına ve daha fazla soğumaya maruz bırakıyorsa, bu Mars konfigürasyonunun getirdiği daha soğuk hava daha sıcak ilkbahar ve yaz havasıyla karışacağı ve yağış koşullarını yaratacağı için ilkbahar ve yazın daha fazla yağış olacağını tahmin edebiliriz.

Mart arasındaki daha soğuk aylar, sonbahar ve kış için de geçerli olacaktır . Mars kışın güneşin arkasında seyahat ediyorsa, buradan gelen daha sıcak hava daha soğuk olanla karışacak ve yağış için koşullar yaratacaktır. Mars bu dönemde güneşin önünde seyahat ediyorsa, daha soğuk hava daha az yağış şansıyla sonuçlanacaktır.

Ayrıca, Ay düğümüne 30 derece mesafede bulunan Mars'ın, Ay'ın yörünge düzlemini çekip gererek, Ay'ı Dünya'dan daha da uzaklaştırarak, Dünya'nın salınımı üzerinde dengesizleştirici bir etki yaratarak yağmur koşullarını kötüleştirebileceğini de hesaba katabiliriz.

Bu teorik çerçeveyle, gerçek yağışı tetiklemek için gerekli koşulları uygulayabiliriz. Mars'ın Dünya'ya göre konumuna ve o zamanki mevsime dayanarak daha yüksek yağış veya daha düşük yağış periyodu varsaymak, yağışı tetikleyebilecek gerçek bir mekanizma sağlamaz. Bu nedenle, belirli bir periyotta daha soğuk ve daha sıcak havanın karışacağı bir senaryo öngörmeliyiz. Diyelim ki Mars, kış boyunca Güneş'in arkasında hareket ediyor ve bu da Mars'ın yerçekiminin bu periyot boyunca Dünya'nın eksen eğikliğini çekmesiyle daha sıcak bir kış senaryosu yaratıyor. Bu bağlamda, bu periyot boyunca kardan ziyade daha fazla yağmur olacağını varsayabiliriz. Ancak, yine de daha sıcak havanın daha soğuk hava ile karışacağı bir senaryoyu interpole etmemiz gerekir. Mars'ın kışın Güneş'in arkasında hareket ettiği bu senaryo daha sıcak bir kış öngörüyorsa, o mevsimde yağmur yağması için daha soğuk havayı getiren bir mekanizmanın açıklanması gerekir. Bu nedenle Ay şemasını ekleyebiliriz .

2014 yılında Washington Üniversitesi'nden iki bilim insanı 15 yıllık iklim verilerini inceledi ve ay sayımlarının yağışı etkilediğini keşfetti. Tsubasa Kohyama ve profesörü John Wallace 1998 ile 2012 yılları arasındaki 15 yıllık yağış verilerini inceledi ve Ay'ın bizim bakış açımızdan, Dünya'nın üzerinde veya ayaklarımızın altında durduğumuzdaki konumunun , hava basıncının artmasına, bunun da daha yüksek sıcaklıklara , daha fazla emilen neme ve daha az yağışa yol açtığını buldu. Ancak, etki tüm yağış değişimlerinin yalnızca %1'iydi ancak veriler Ay'ın konumunu yağışla ilişkilendirmek için yeterince önemliydi. Bizim bakış açımızdan doğarken veya batarken, yağış teorik olarak daha yüksek olmalıydı. Ancak çalışmaya göre meridyende Ay yağışı azaltıyor. Bu çalışmanın arkasındaki bilim, Ay'ın yer çekiminin Dünya atmosferini daha yükseğe çekerek hava basıncını artırmasıdır. Bu olduğunda, alttaki hava daha sıcak hale gelir ve daha fazla nem emebilir. Bu çalışma, Ay'ın konumunu yağış tetikleyicimiz olarak kullanmamızı sağlar.

Ek olarak, Ay'ın Dünya'nın salınımı üzerinde dengeleyici bir etkiye sahip olduğu anlaşıldığında, Ay'ın Mars'a göre konumunun, Dünya'nın eksen eğikliği üzerindeki Mars'ın kütle çekim gücüne karşı geçici bir karşıt etki olduğunu söyleyebiliriz; yani Ay Mars'ın karşısına geldiğinde, Dünya'nın Mars'ın kütle çekim gücü tarafından beslenen mevcut eğilimden anlık olarak sıcaklıkları değiştirebilir. Mars Güneş'in arkasında hareket ettiği ve Dünya'nın eksen eğikliğini Güneş'e doğru çektiği için normalden daha sıcak bir mevsimdeysek, Ay Mars'ın karşısına geldiğinde ancak Dünya'nın arkasında olduğunda, Ay'ın kütle çekiminin Dünya'nın eğimini Güneş'ten uzaklaştırmasının sıcaklıklarda anlık bir değişime neden olacağını ve bunun da daha soğuk havanın daha sıcak hava ile karışması ve su buharlarını parçalaması için koşullar yaratacağını , suyun çökelmesine ve yağmura dönüşmesine izin vereceğini öngörebiliriz.

Bu senaryonun yağmura neden olacağını hayal etmek için genel bir fikir şöyle:

Resimde, daha sıcak eğilim sırasında nem ve su buharının emilmesine yol açabilecek koşulları görüyoruz, daha sonra Ay'ın daha sıcak eğilimi Mars'ın yer çekimine karşı koymaya ve Dünya'nın eğimini Güneş'ten uzaklaştırmaya çalışarak kesintiye uğratmasıyla yağışa dönüşüyor. Bu, Ay'ın Dünya etrafında Mars'ın Güneş etrafında yaptığından çok daha hızlı hareket etmesi nedeniyle 1-5 gün süren bir anlık olay olurdu.

Şimdi bu dinamiğin yağmuru tetikleyebilecek birçok çeşidi olduğunu unutmayın. Örneğin, Mars'ın yaz boyunca güneşin önünde seyahat etmesi, böylece Mars'ın yerçekiminin Dünya'nın eksen eğimini Güneş'ten uzaklaştırması nedeniyle ortalamanın altında sıcaklıklara neden olması, Ay'ın Dünya'nın önünde seyahat etmesi durumunda karşıtlıkla karşılaşabilir, bu da Ay'ın Dünya üzerindeki yerçekimi etkisinin Dünya'yı Güneş'e doğru çekmesi nedeniyle daha soğuk bir eğilimi kesintiye uğratabileceğinden yağış koşulları yaratabilir. Sıcak hava daha soğuk hava ile birleşerek su buharlarının parçalanmasına yol açabilir. İşte böyle bir senaryoyu temsil eden bir örnek.

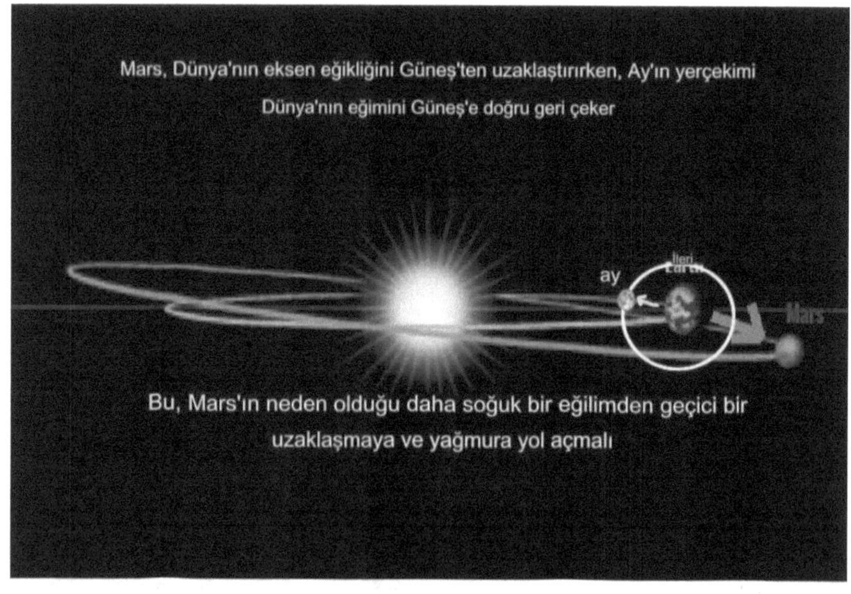

İşte yağış koşullarına ilişkin temel bir genel bakış

Yağış koşulları

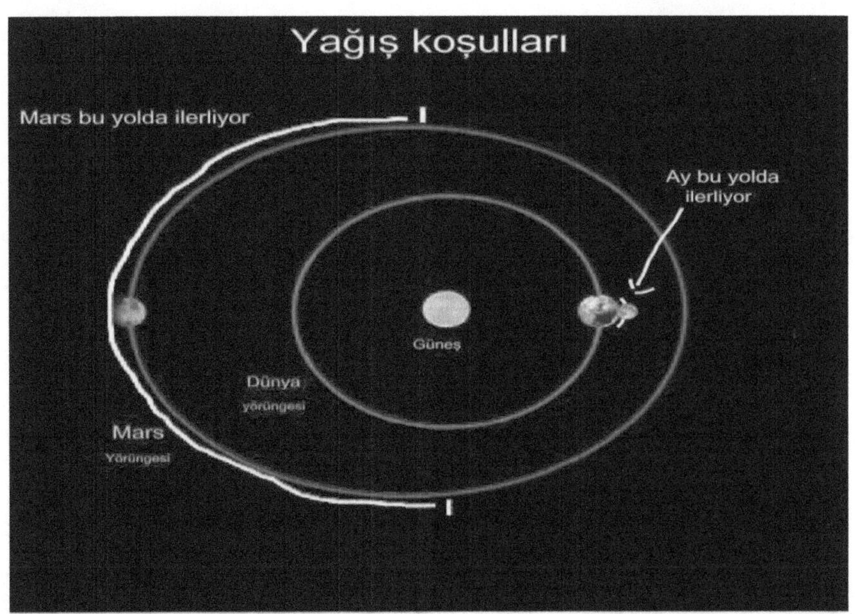

Yağış koşulları

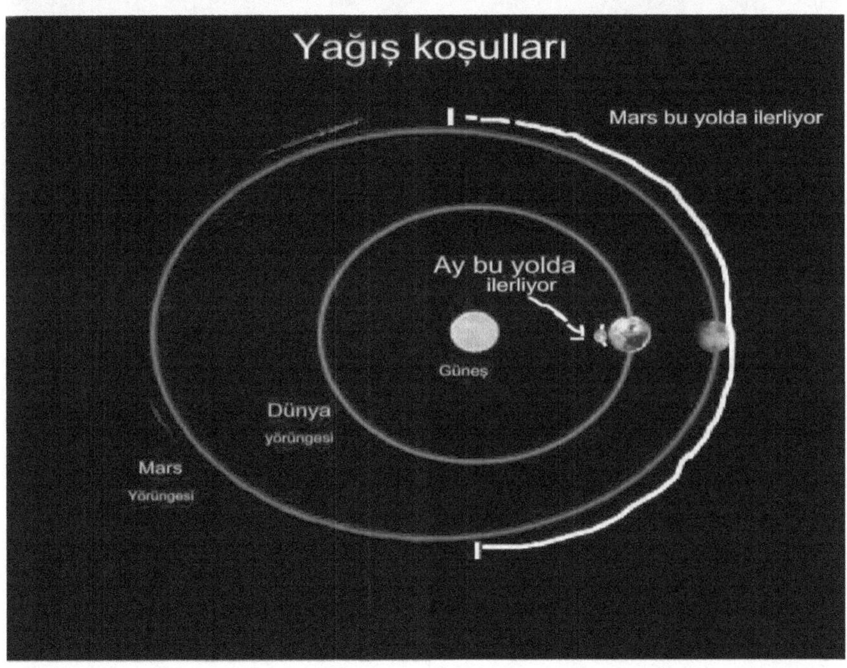

Bu ilk iki örnek, bu hizalanmanın yağmuru nasıl teşvik edebileceğini ortaya koyuyor ve yağmuru tetikleyebilecek parametreleri daraltıyor. Şimdi işleri daha da daraltabilir ve Ay ile Mars arasındaki karşıtlıktaki hizalanma ne kadar yakınsa, yoğun yağmurun gelme olasılığının o kadar yüksek olduğu fikrini ekleyebiliriz. O halde şimdi Ay ve Mars'ın gerekli yolunu daraltalım.

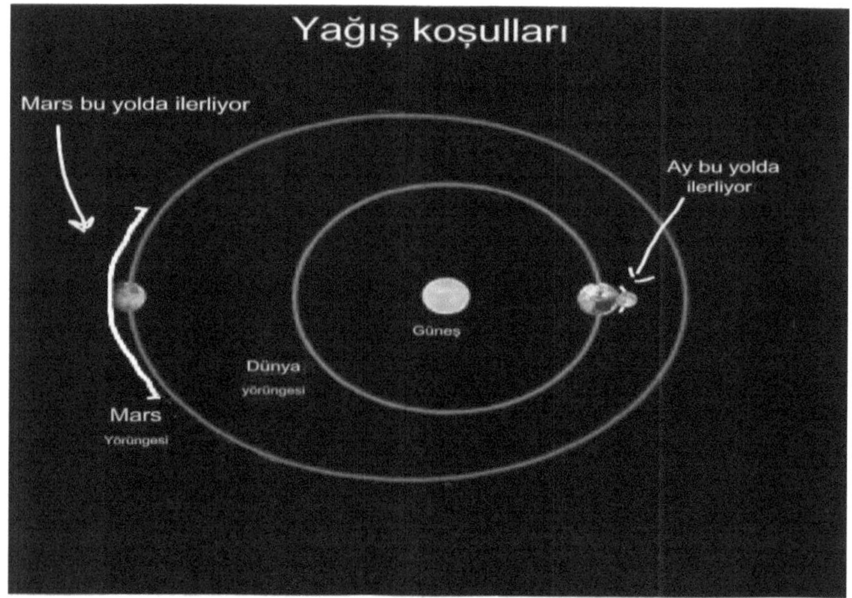

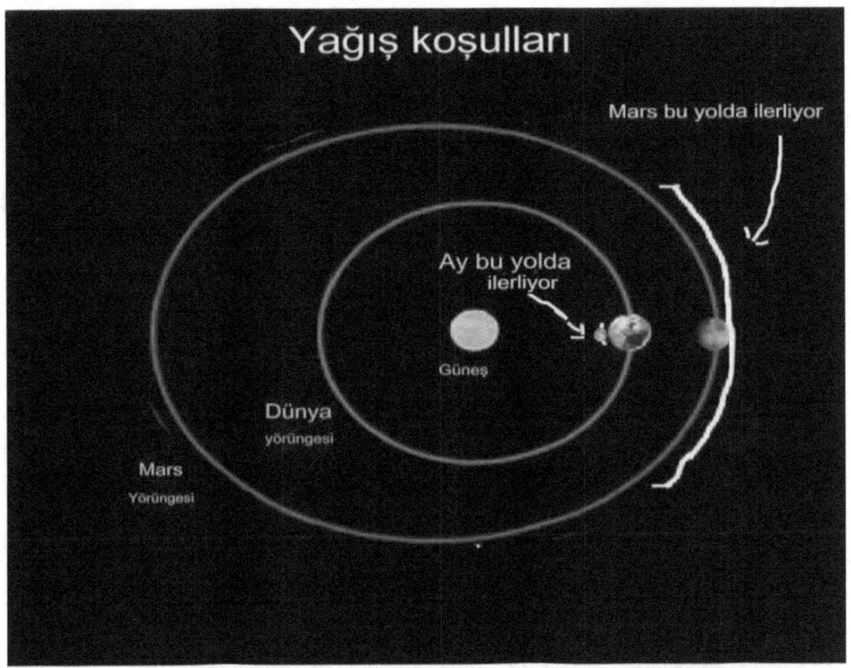

Bunlar daraltıldığında, yağış bilimine de uygulanabilen, ay ve Mars arasında yakın bir kavuşum içeren diğer iki varyasyona dalabiliriz. Ay dünyanın önünden geçerken, Mars güneşin arkasında hareket ediyorsa, kavuşumdaki her iki cisim de dünyanın eksenel eğimini güneşe doğru çeker ve dünyayı daha fazla güneş ışığına ve sıcaklığa maruz bırakır. Burada, ortaya çıkan daha sıcak sıcaklıkların, sıcak cephenin daha az sıcak hava ile karışması sonucu yağışa yol açabileceğini ve bunun da su buharlarının parçalanmasına yol açabileceğini varsayabiliriz. İşte bu yakın kavuşumun bir örneği.

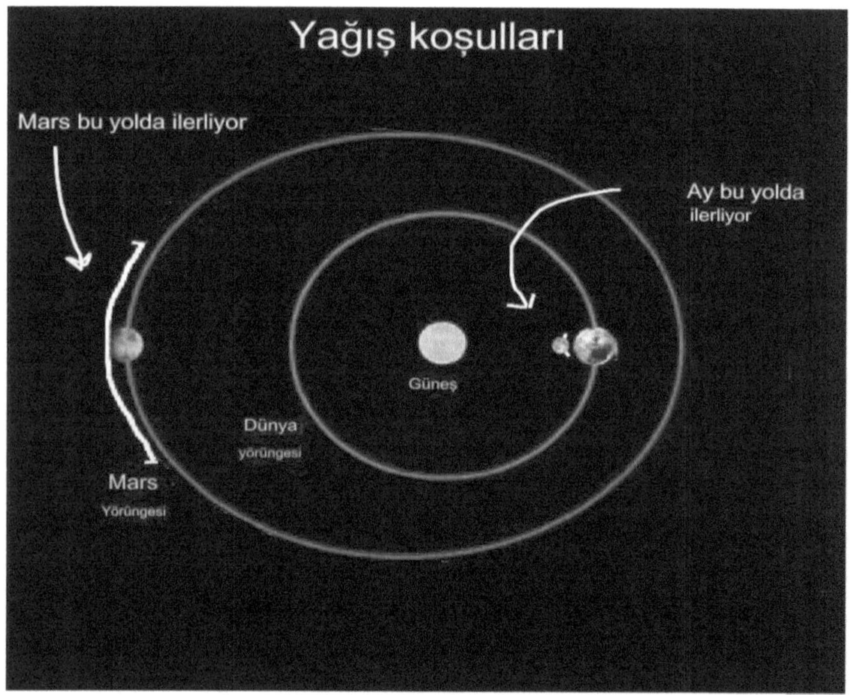

Şimdi Ay ve Mars arasındaki diğer yakın kavuşumun görseline geçelim, Ay Dünya'nın arkasında hareket ederken, Mars Güneş'in önünde hareket ediyor, Dünya'nın bakış açısına göre. Her iki cisim de Dünya'nın eğimine bir çekim kuvveti uygulayarak Dünya'yı Güneş'ten uzaklaştırıyor ve Dünya'yı daha soğuk sıcaklıklara maruz bırakıyor. Ortaya çıkan soğuk cephe sıcaklıkları daha az soğuk hava ile karışırsa, su buharlarının parçalanması meydana gelebilir ve yağış meydana gelebilir. İşte bu senaryonun görseli

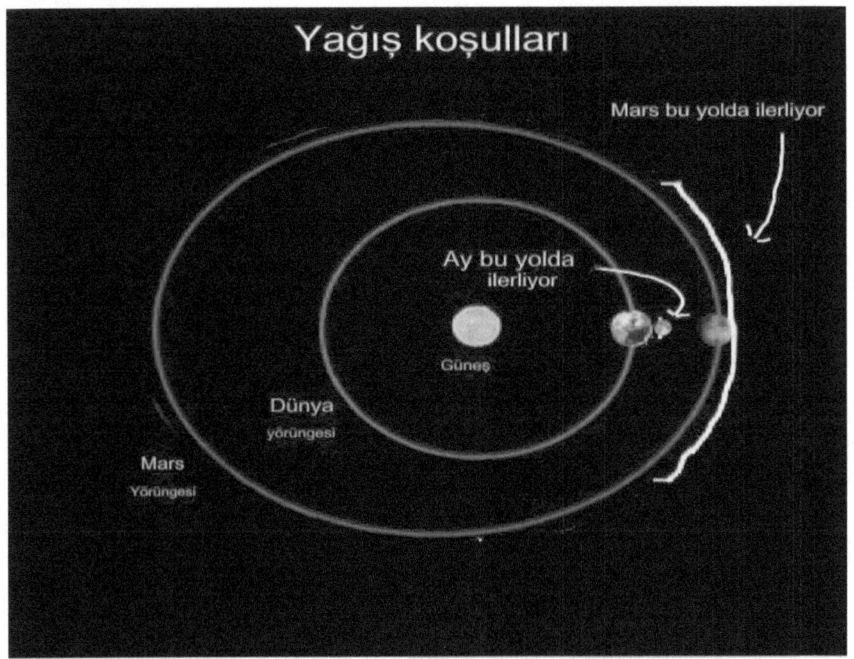

Şimdiye kadar, hem Mars'ın hem de Ay'ın yerçekiminin Dünya'ya etki ederek Dünya'nın eksenel eğimini Güneş'e doğru ve/veya Güneş'ten uzağa kaydırmasıyla yağmura yol açan sıcaklık bozulmalarını tahmin etmemizi sağlayabilecek teorik bir çerçeve ortaya koyduk. Ancak, bu makale Gazze roket ateşi ve Borsa çöküşleri ile ilgili ilk iki bölümde açıklandığı gibi aşırı olaylara daldığından, bu konuya devam etmeli ve aşırı yağış olaylarını araştırmalıyız. Gazze'den gelen artan roket saldırıları ve borsa çöküşleri gibi, Mars'ın Ay düğümüne 30 derece mesafede olmasının aşırı yağış olaylarını tetikleyebilecek bir hızlandırıcı faktör olduğu benzer bir tema bulmalıyız. Ay düğümüne 30 derece mesafedeki Mars, Mars gezegeninin Ay'ın yörünge yoluna bir çekim kuvveti uygulayarak onu germesi ve böylece Ay'ın yörüngesini Dünya'dan giderek daha uzağa getirmesi olarak açıklanmıştır; bu da Dünya'nın salınımı üzerinde istikrarsızlaştırıcı bir etkiye sahip olacak ve Dünya'yı daha vahşi sıcaklık dalgalanmalarına maruz bırakacaktır. Bu dinamiği hava olaylarına uygularsak, senaryonun hava tarafından emilen su buharlarını yoğunlaştırarak yağmuru tetikleyebilecek büyük sıcaklık bozulmalarına neden olabileceğini varsayabiliriz. Ay, kısa vadeli sıcaklık bozulmalarını tetikleyen bileşen olduğu için buna dahil edilmiştir . Aşırı olayları açıklamaya çalıştığımızı unutmayın. Yapılandırmanın nasıl çalıştığına dair bir görsel aşağıdadır. Bu ilk örnek, 20 [Ekim] 1979'da Orta Doğu'da meydana gelen aşırı bir yağış olayıdır. [23] Ekim'e kadar . Elli kişi öldü ve 66000 kişi etkilendi. Tabloyu inceleyin ve Mars'ın ay düğümüne 30 derece mesafede olduğunu ve yukarıda belirtilen yerçekimi faktörlerini uyguladığını fark edin. Mars ayrıca Dünya'ya göre Güneş'in arkasındadır, bu nedenle muhtemelen daha sıcak bir kış olmuştur.

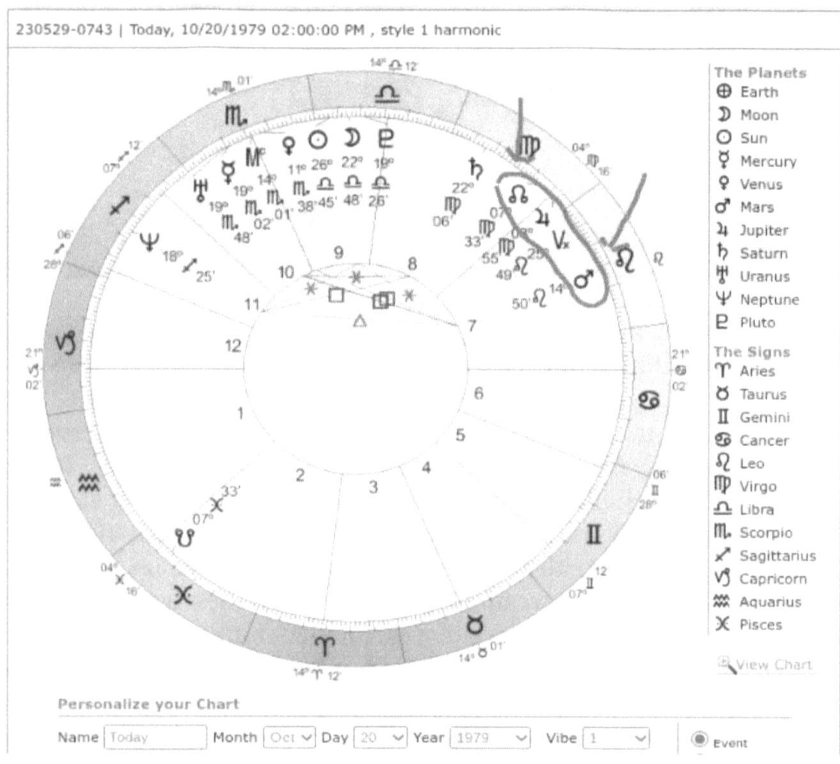

Yani şimdi bozulma ay tarafından tetiklendi. Ancak dikkatli olun. Ay düğümüne 30 derece mesafedeki kütlelerden biri varsa, Mars ile ay arasındaki dik açıların aşırı yağış olaylarını tetikleyebileceğini gösteren bir desen keşfettim. Yani eğer Mars ay düğümüne 30 derece mesafedeyse, sıcaklık bozulması ve buna karşılık gelen yağış, ay

Mars'ın konumuna neredeyse dik açı oluşturduğunda tetiklenecektir. Benzer şekilde, eğer ay ay düğümüne 30 derece mesafedeyse, ay zaten Mars'a dik açıyla oluşuyorsa sıcaklık bozulması tetiklenebilir. Burada ilki gerçekleşiyor - Mars ay düğümüne 30 derece mesafedeyken, ay Mars'a neredeyse dik açıyla aşırı yağış için gereken sıcaklık bozulmasını tetikliyor. İşte görsel

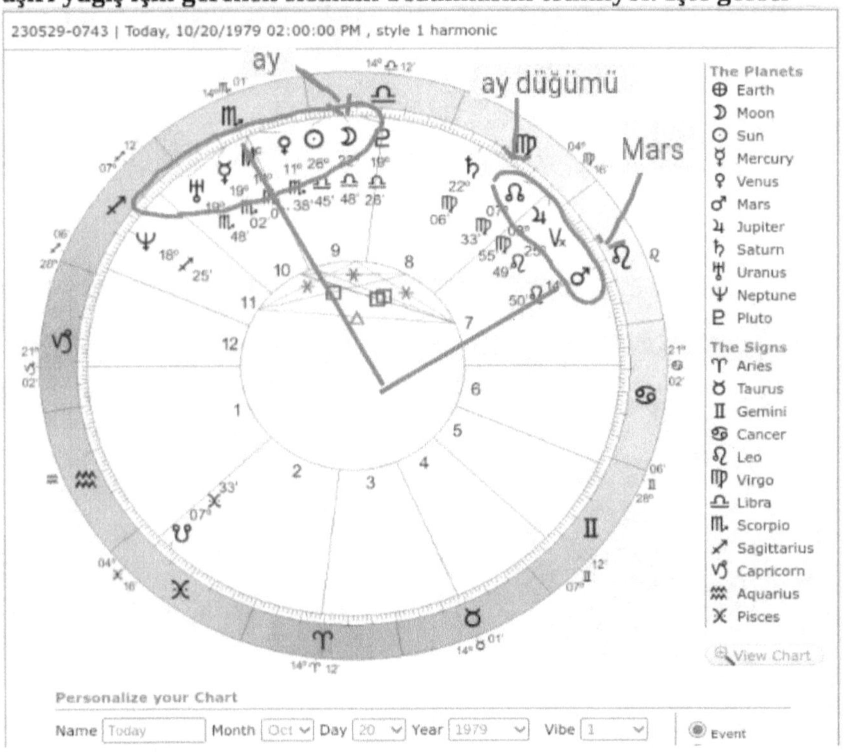

Bu yapılandırmanın gökyüzünde nasıl göründüğü aşağıdadır

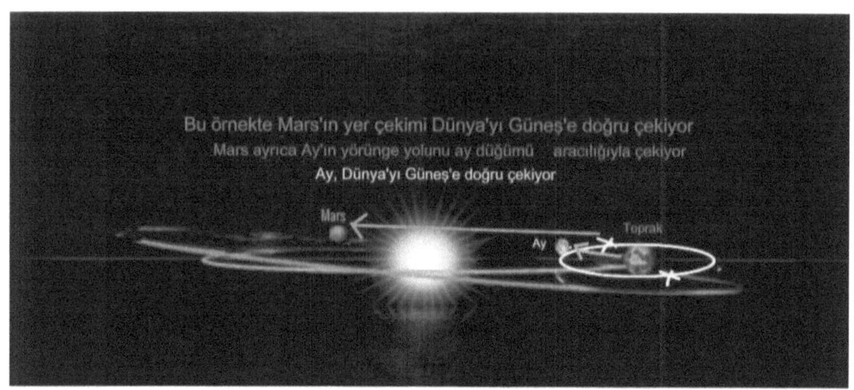

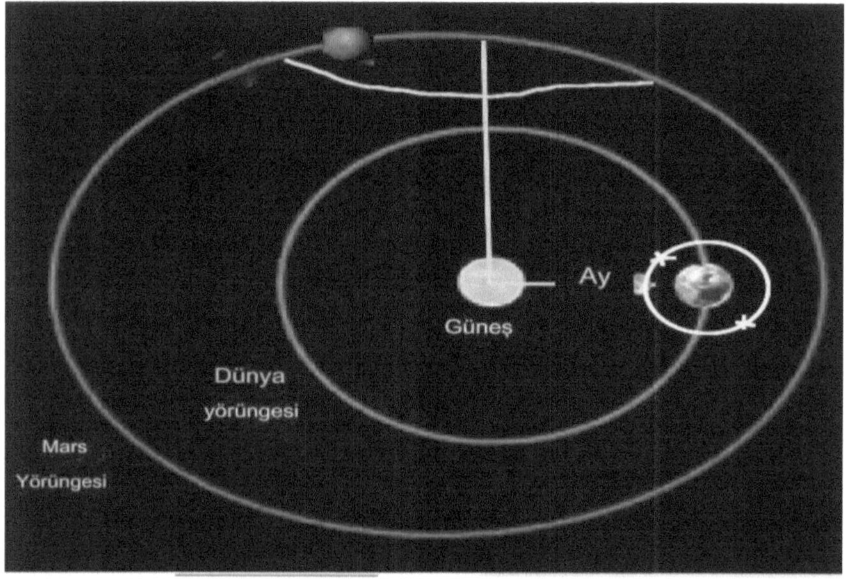

13 Mayıs 1982'de, Orta Doğu'da büyük bir fırtına sellere neden oldu. İşte grafik, ilk grafikle benzer bir dinamiğe sahip olduğumuzu fark edin, ancak bu sefer Ay, Mars'a neredeyse dik açı oluşturan Ay düğümüne 30 derece mesafede.

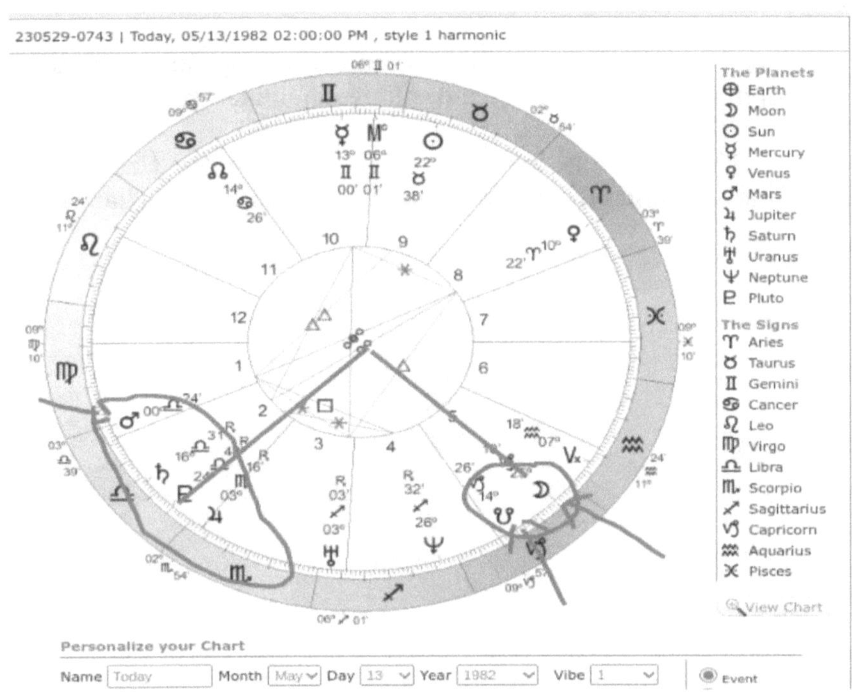

İşte o gün gökyüzünde bu konfigürasyonun nasıl göründüğü

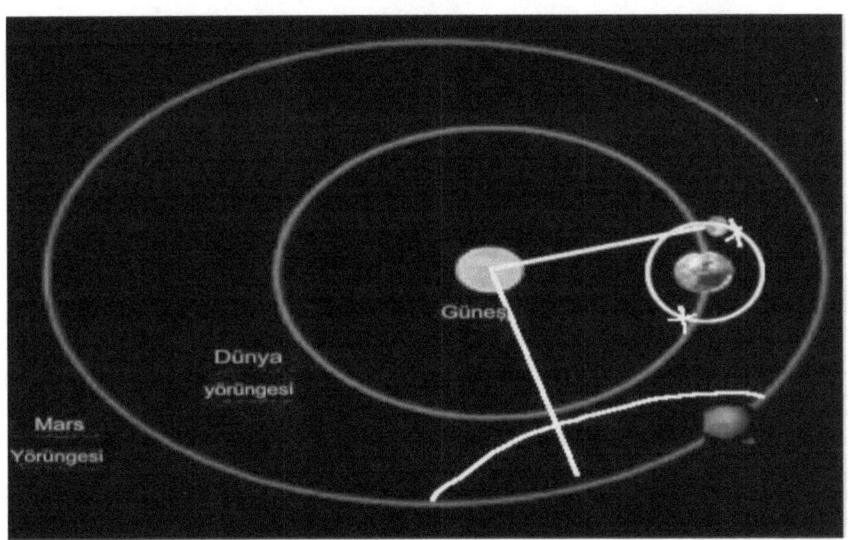

Mars'ın, Mars ile Ay'ın konfigürasyonu arasında oluşan dik açıyı belirleyen noktanın sınırları içinde olduğuna dikkat edin.

İşte 16 Ekim 1987'de meydana gelen ve Mısır ile Ürdün'ü sel baskınlarıyla etkileyen, 39 can kaybına yol açan fırtınanın haritası.

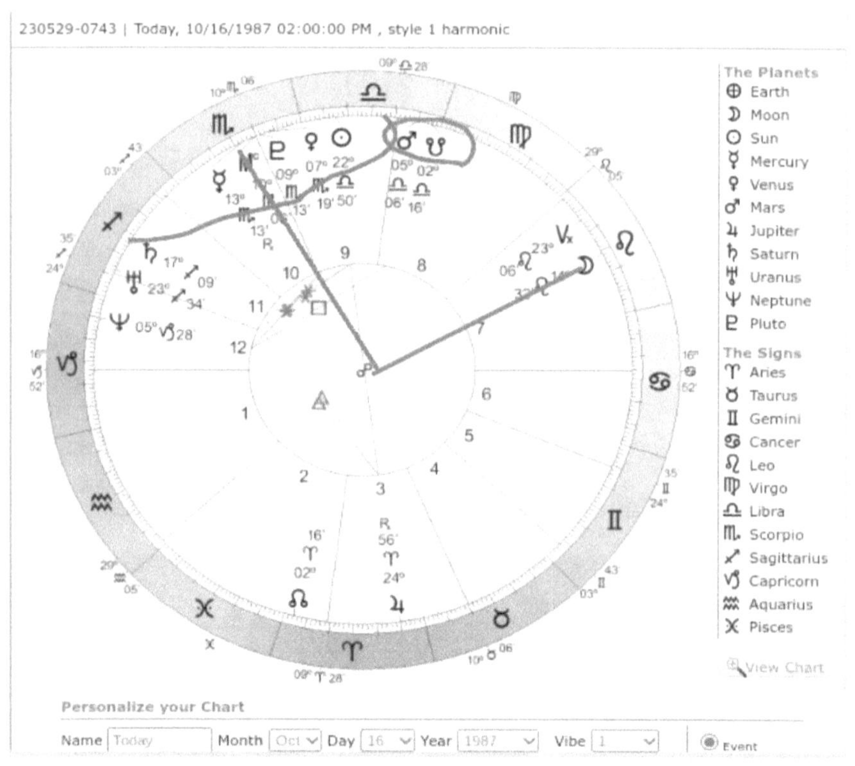

Mars, ay düğümüne 30 derece uzaklıkta ve ay ile neredeyse dik açı oluşturuyor, ancak haritanın hesaplandığı sırada biraz uzakta. Ay, saatler önce belirlenen aralıkta olurdu. İşte o gün gökyüzündeki konfigürasyonun görünümü

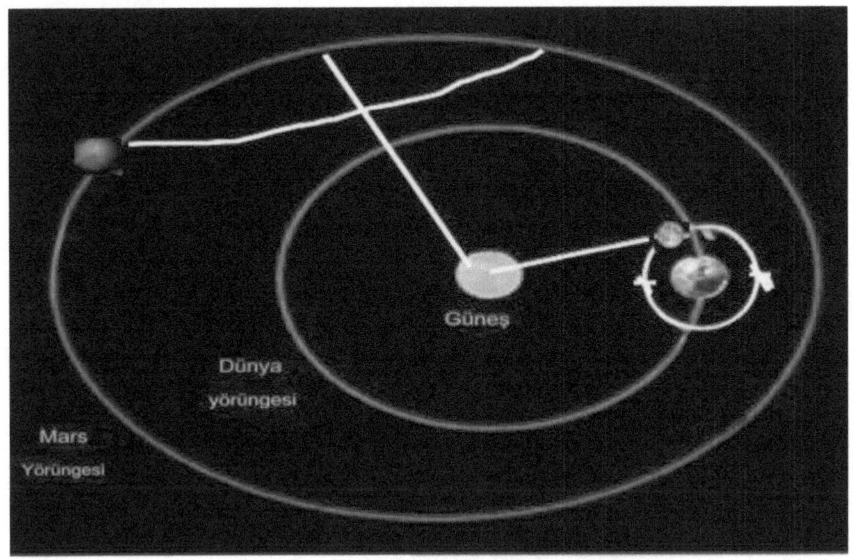

Mısır için bir diğer yoğun yağış tarihi, sellere neden olan 16 Ekim 1988'de gerçekleşti. İşte Mars, Ay ve Ay Düğümü'nün konumunu gösteren astroloji haritası. Mars bir kez daha Ay Düğümü'ne 30 derece mesafedeydi ve Ay ile dik açı yapıyordu

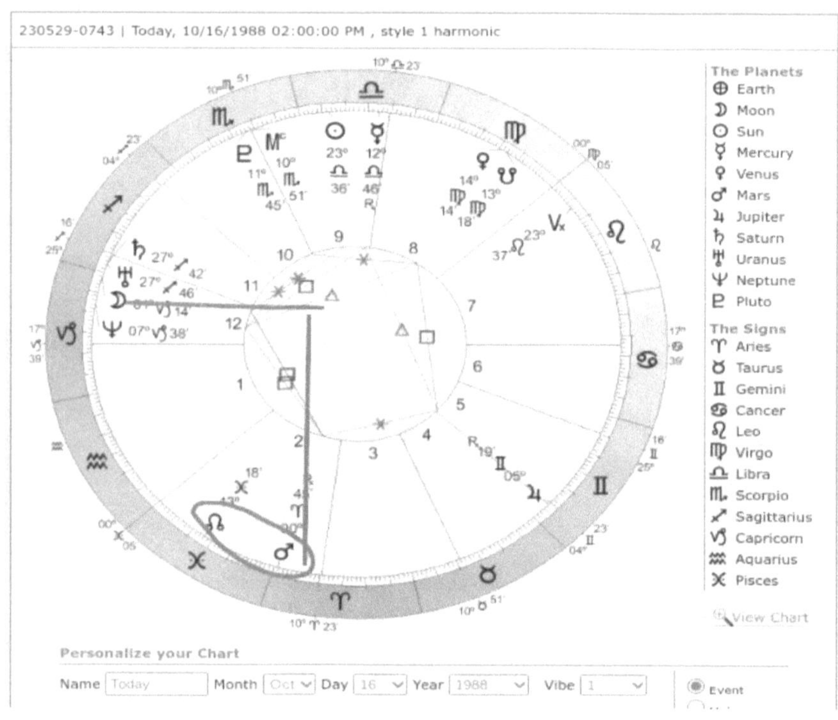

İşte o gün gökyüzündeki konfigürasyonun görünümü

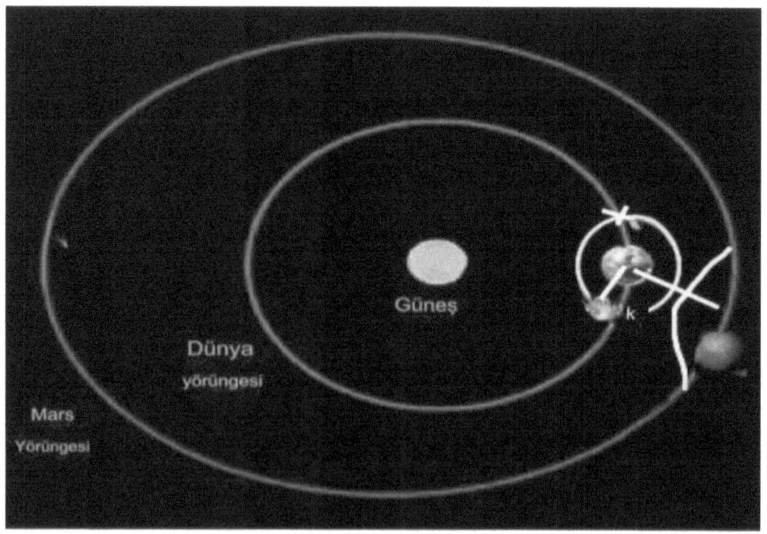

Gökyüzünde, yapılandırma dik açı oluşturur

Levant'ta bir diğer büyük yağış olayı 12 Ekim 1991'de meydana geldi. Burada ay, ay düğümüne 30 derece uzaklıktaydı ve Mars ile neredeyse dik açı yapıyordu.

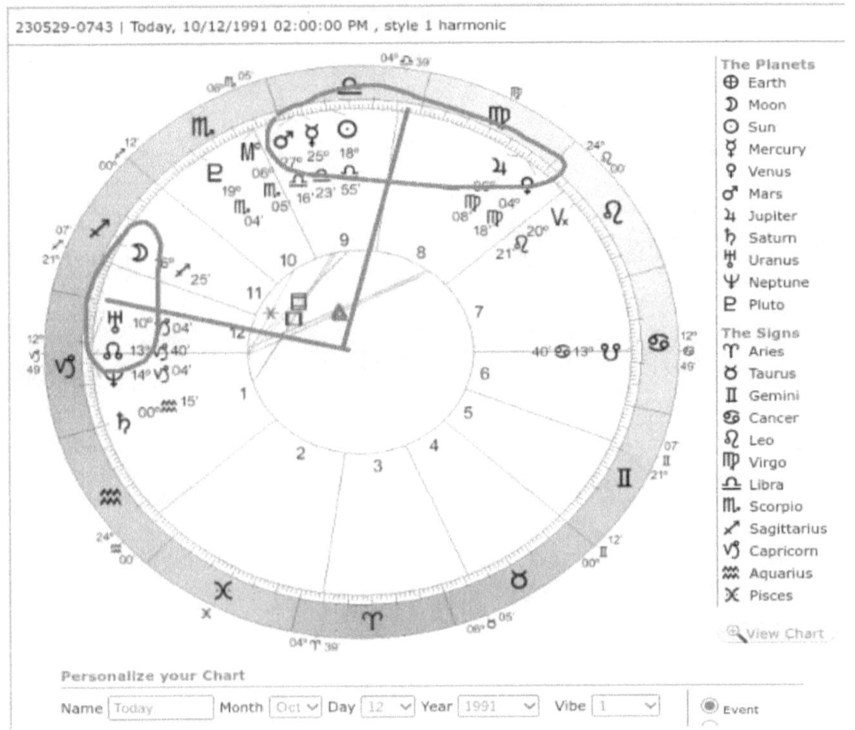

İşte gökyüzündeki konfigürasyonun görünümü

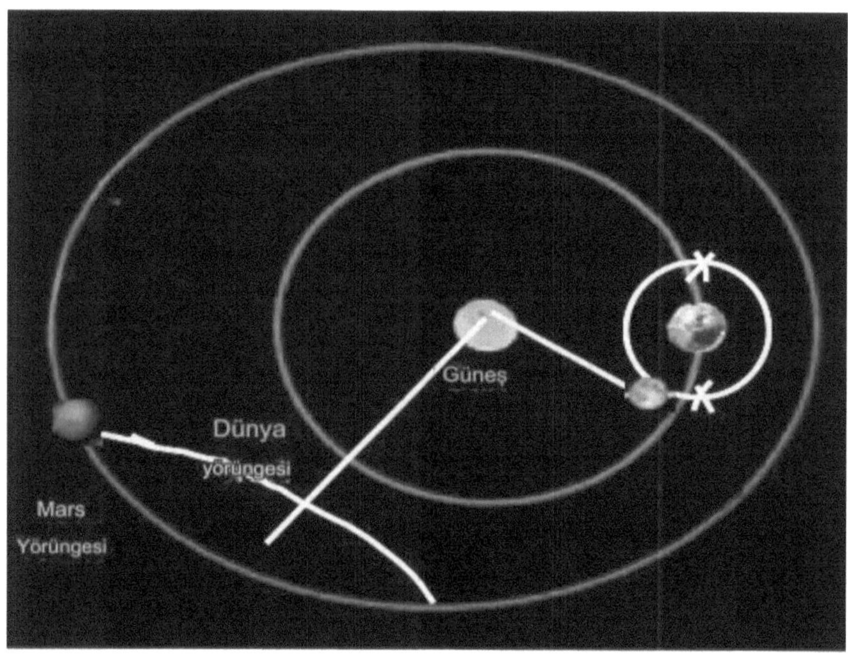

Levant'taki bir sonraki büyük yağış olayı 20 Aralık 1993'te gerçekleşti. Bu süre zarfında İsrail'in 2 can kaybı ve 10 milyon dolarlık zararı oldu.

Astrolojide Mars, Ay Düğümü'ne 30 derece mesafede bulunuyordu ve Ay ile dik açı yapıyordu; bu da aşırı olaylar için tipik bir konfigürasyon gibi görünüyor.

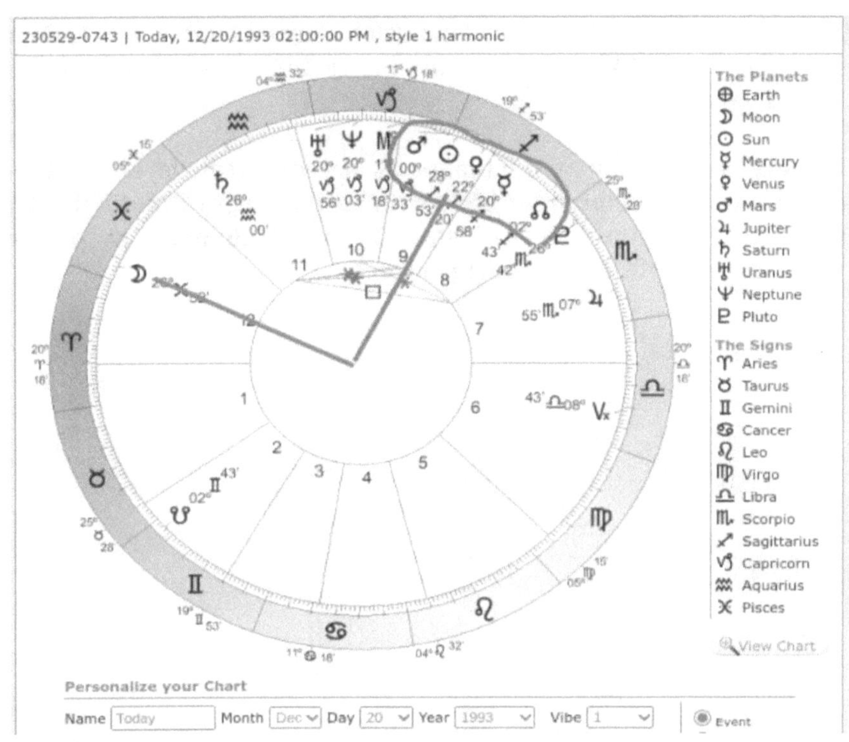

İşte o gün gökyüzünde bu konfigürasyonun nasıl göründüğü

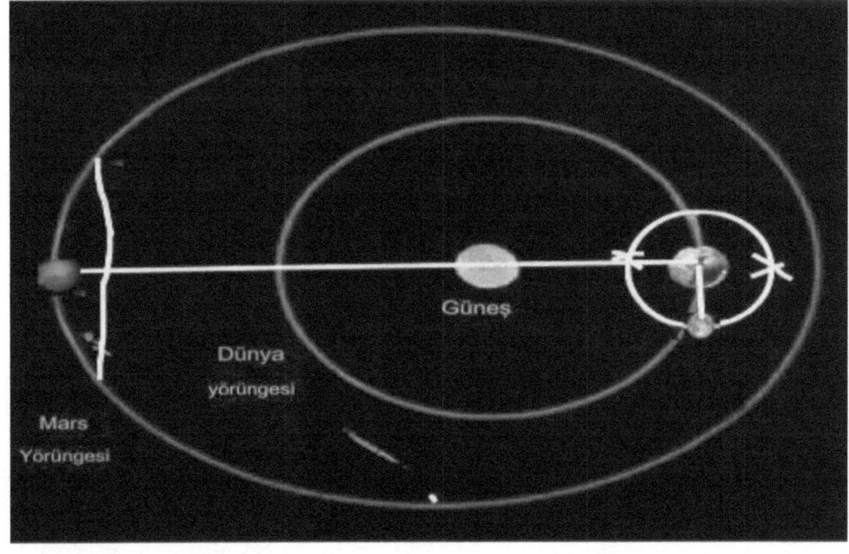

Mısır'da 2 Kasım 1994'te meydana gelen aşırı sel felaketi 600 kişinin ölümüne, 160.000 kişinin etkilenmesine ve 140 milyon liralık maddi hasara yol açtı.

Bu süre zarfında, ay ay düğümüne 30 derece mesafedeydi ve Mars ile dik açı yapıyordu. Yani bir kez daha bu yaygın örüntüyü aşırı olaylarda görüyoruz, Mars veya Ay ay düğümüne 30 derece mesafedeydi ve diğerine dik açı yapıyordu.

İşte o gün gökyüzünde bu konfigürasyonun nasıl göründüğü

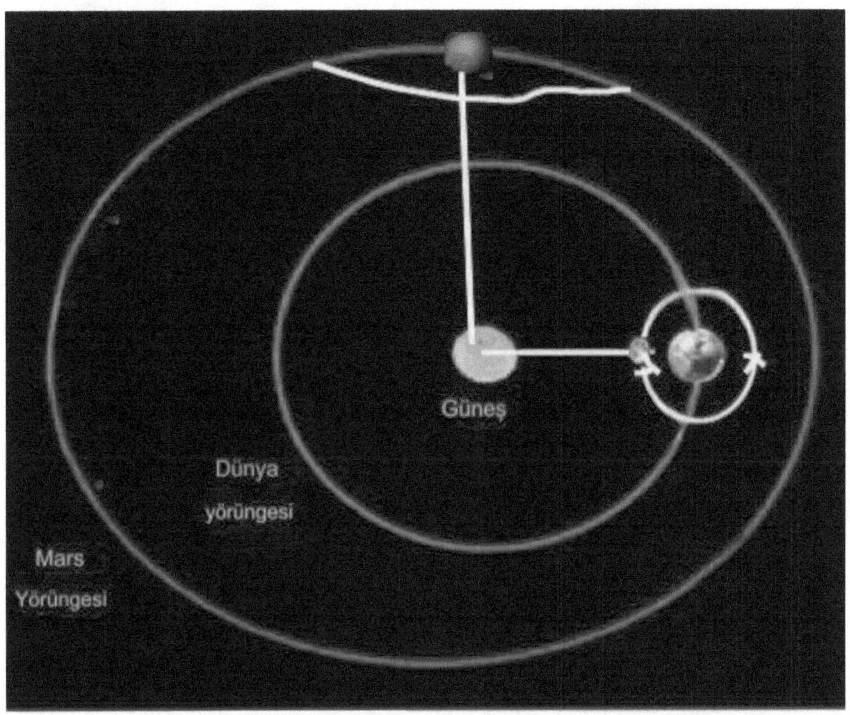

13 Kasım'dan 18 Kasım 1996'ya kadar Mısır'da şiddetli yağmurlar 12 can kaybına neden oldu ve 260 kişi selden etkilendi. Mars, ay düğümüne 30 derece yaklaşma evresine yeni başlamıştı ve ay ile dik açı yapmıştı. İşte astroloji haritası

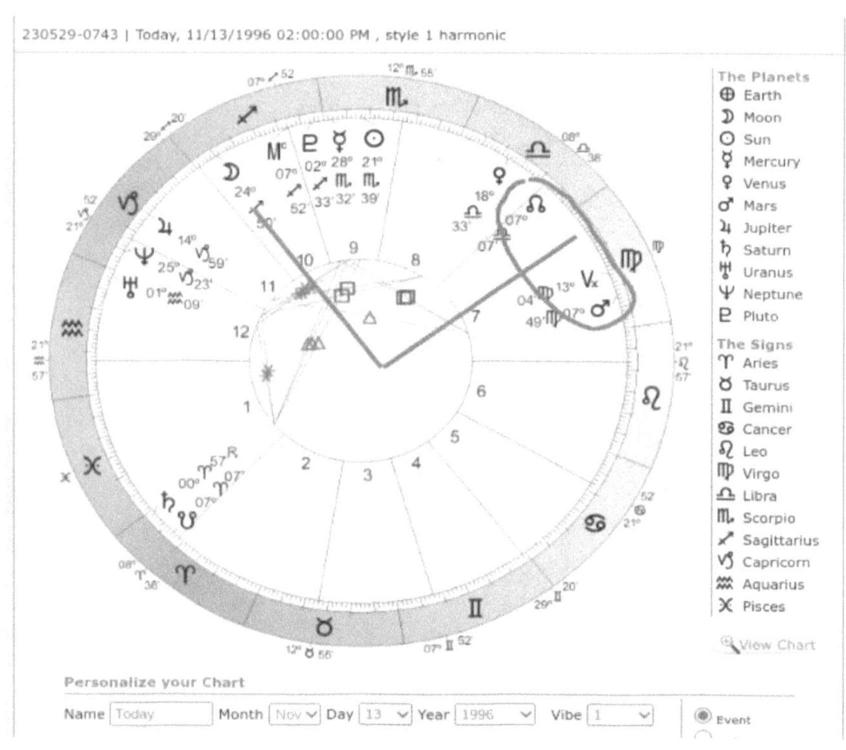

İşte o gün gökyüzünde bu konfigürasyonun nasıl göründüğü.

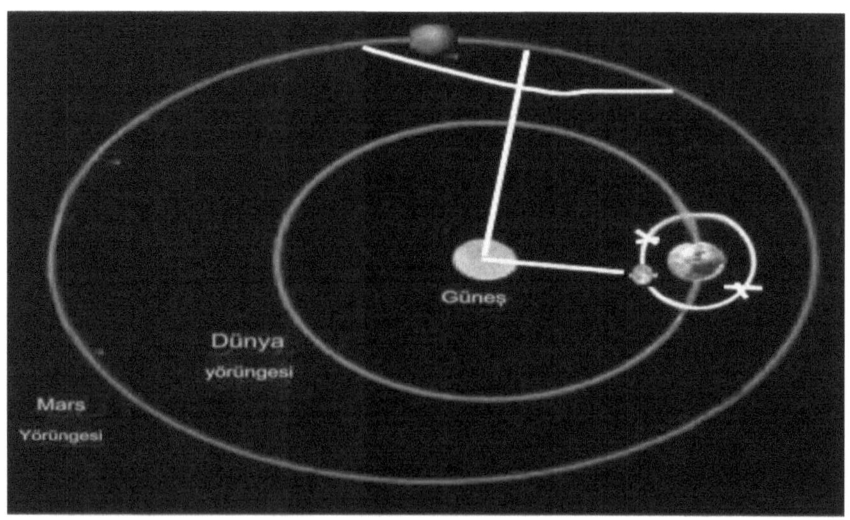

17 Ekim 1997'de Mısır, İsrail ve Ürdün'de şiddetli yağmurlar yaşandı. İsrail, Mısır ve Ürdün'de 15 can kaybı yaşandı ve 40 milyon dolardan fazla hasar meydana geldi. İşte astroloji haritası. İşte ne Mars'ın ne de Ay'ın Ay düğümüne 30 derece mesafede olmadığı bir örnek. Bu, Ay ve Mars'ın karşıt konumda olduğu ve her bir cismin Dünya'nın eksen eğimini çektiği ve bunun da muhtemelen bir sıcaklık bozulması yarattığı bir örnek. Bu, rutin yağışın tahmin edilebileceği bir dinamiğin örneğidir.

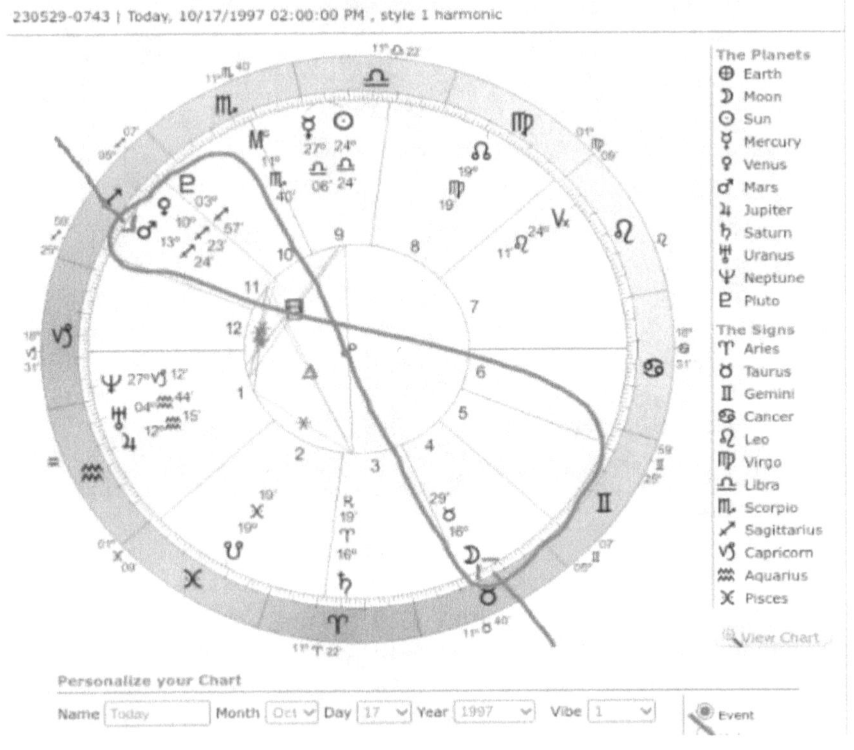

Bu yapılandırmanın gökyüzünde nasıl göründüğü aşağıdadır

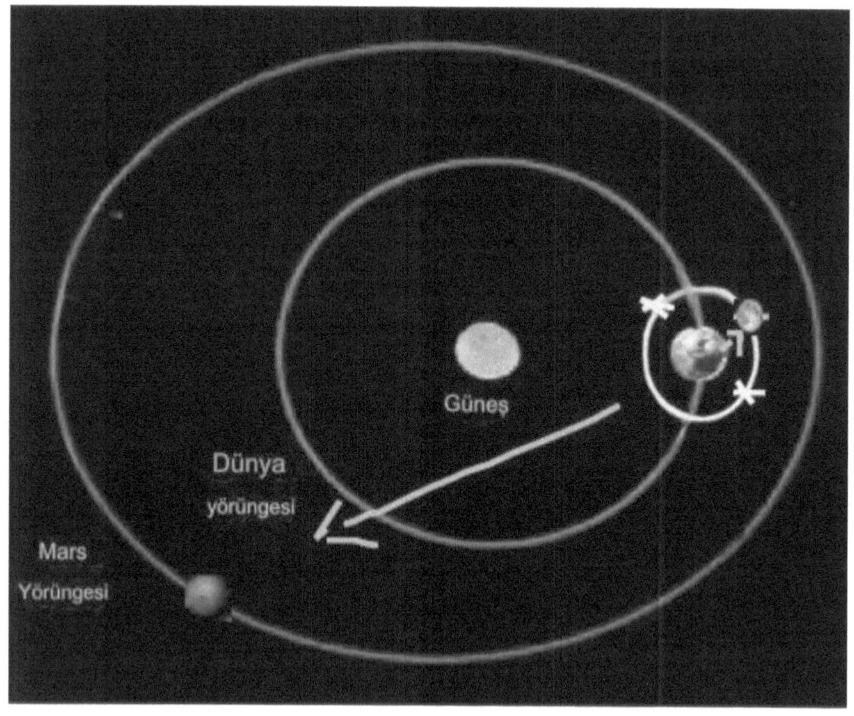

Ay düğümüne 30 derece mesafede bulunan ve ay ile dik açı oluşturan Mars'ın aşırı yağış olayları için bir katalizör olmasının en iyi açıklaması, bu konfigürasyonun ayın yörüngesel yolunda ekliptik düzlemden en uzakta hareket ettiğini göstermesi olabilir. Bu, ayın yörüngesel yolunda sırasıyla dünyaya en uzak ve en yakın olduğu apoje ve perije ile karıştırılmamalıdır. Ay'ın dünya etrafındaki yörüngesi ekliptikten beş derece eğiktir ve ekliptik ile yalnızca ay düğümlerinde buluşur. Yine de, perije (ayın dünyaya en yakın olduğu an) ve apoje (ayın dünyaya en uzak olduğu an) sırasında ay, ay düğümlerine çok yakındır. Bu bağlamda, ayı ekliptik düzleme göre gözlemlemeli ve buna yakın olmasının sıcaklık bozulmalarına ve yağışa katkıda bulunan bir faktör olmasının nedenini görmeliyiz. Ay'ın ekliptik düzlemden en uzakta olduğu ve Mars'ın ay düğümlerine yaklaştığı dönemde, bu dönemde Ay'ın Dünya üzerindeki azalan kütle çekim kuvvetinin bir sonucu olarak sıcaklık bozulmalarının meydana geldiğini ve Mars'ın Ay'dan daha az muhalefetle kütle çekim etkisini göstermesine izin verdiğini varsayabiliriz. Bu, daha soğuk hava ile birleştiğinde hemen çökecek nem ve rutubet getirebilir, bunun kış aylarında gerçekleştiği varsayılırsa.

Bir sonraki grafik 22 Ocak 2005'e ait. 22 ile 27 arasında, şiddetli yağmur Orta Doğu'da 29 can kaybına yol açtı. İşte grafik. Mars ve ay karşıt konumda

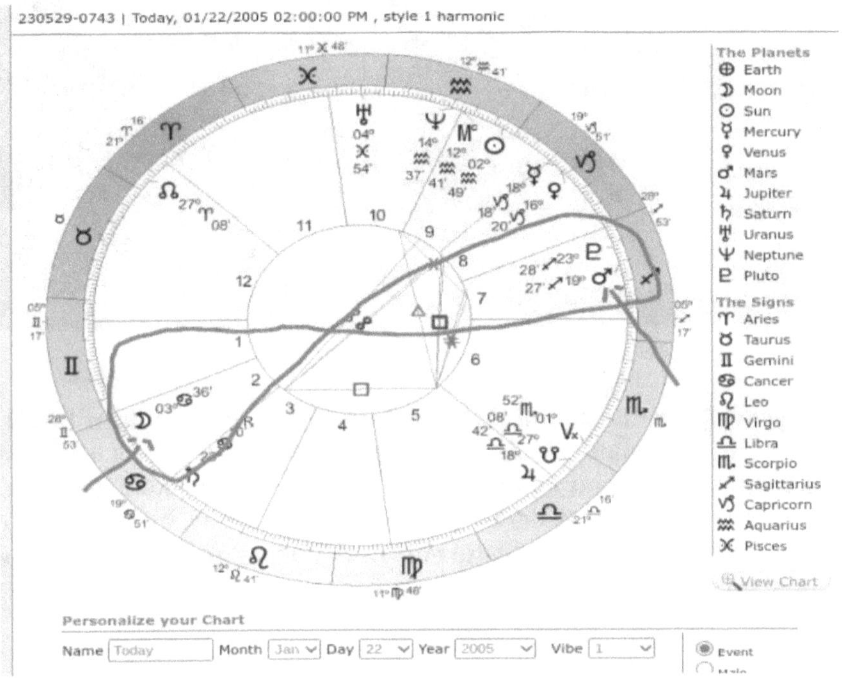

Bu yapılandırmanın gökyüzünde nasıl göründüğü aşağıdadır

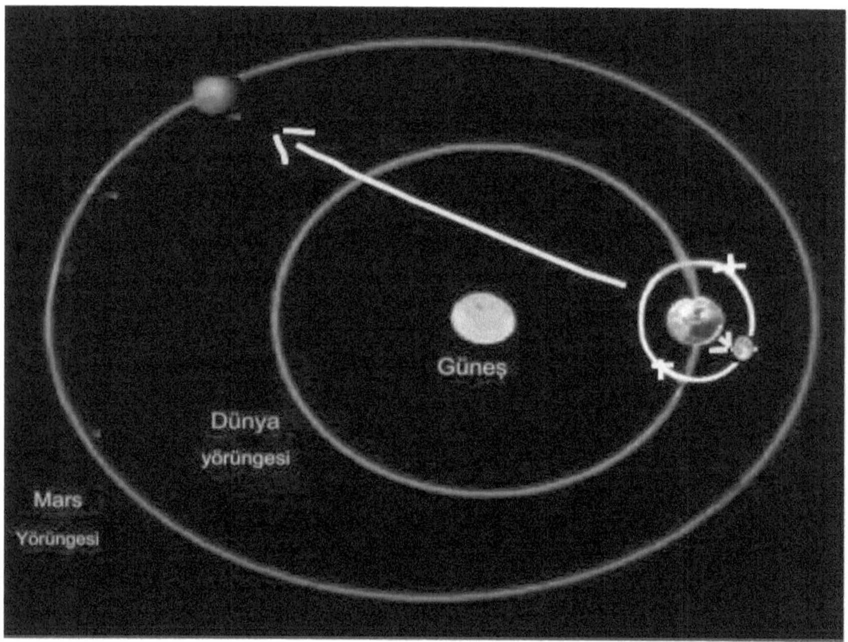

Bir sonraki grafik, Suudi Arabistan'da 122 ölüme yol açan büyük sellere neden olan 25 Kasım 2009 gününe aittir. 10.000 kişi etkilenmiş ve tahmini 900 milyon dolarlık hasar meydana gelmiştir. Mars, ay düğümüne 30 derece uzaklıktadır, ancak ay, bunun gibi bir olay için beklenen açıyı oluşturmuyor. Ay, Mars'ın karşısındadır ve Mars'ın çekim gücüne karşıt bir etki uygular.

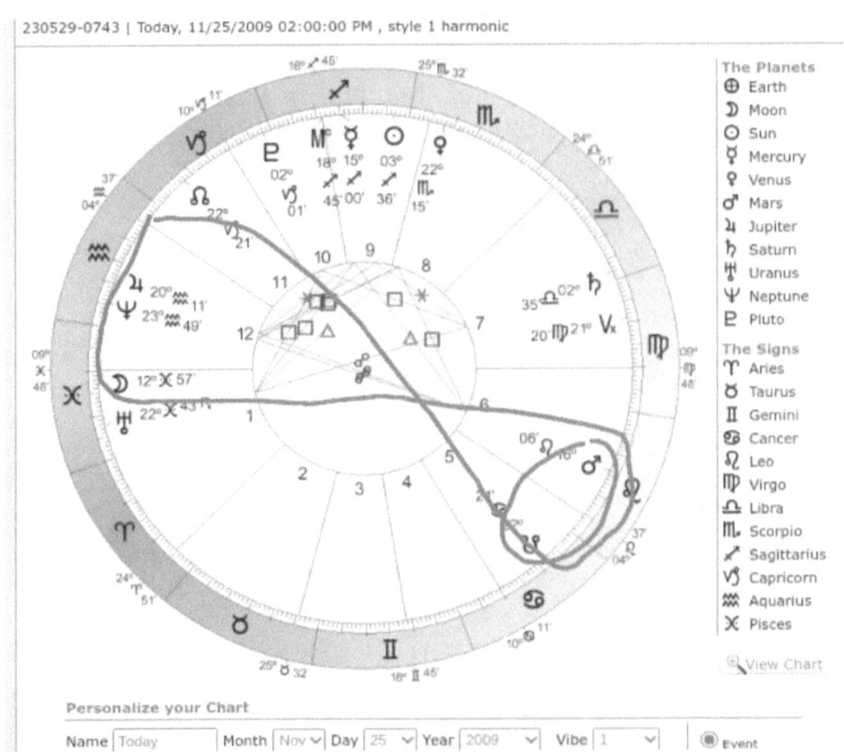

İşte bu konfigürasyonun bu gün gökyüzünde nasıl göründüğü

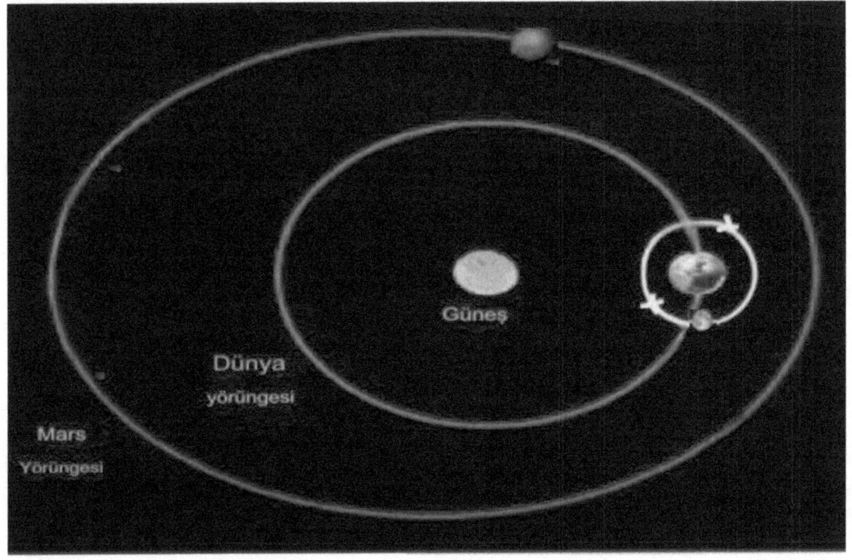

Bu, yağmur ve selin Orta Doğu'da 20 can kaybına yol açtığı 2 Mayıs 2013'e ait grafiktir. Bu grafik, Mars'ın ay düğümüne 30 derece mesafede ay ile dik açı oluşturduğunu göstermektedir.

Bu yapılandırmanın gökyüzünde nasıl göründüğü aşağıdadır

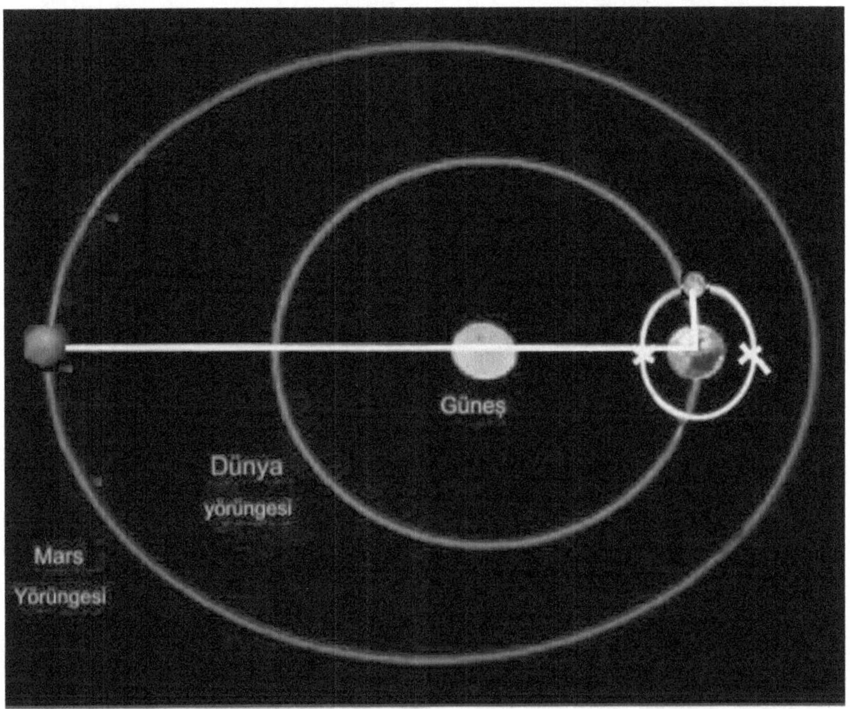

Orta Doğu'daki yoğun yağış için listelenen 12 çizelgenin 7'sinde Mars, ay düğümüne 30 derece mesafedeydi. Bu hizalanmaya dayanarak, Orta Doğu'daki çiftçiler bunu su kaynaklarını verimli bir şekilde nasıl tahsis edecekleri ve gübre ve ekim faaliyetlerine nasıl başlayacakları konusunda belirleyici protokoller geliştirmek için kullanabilirlerdi.

İşte Ortadoğu'da son beş yılda yaşanan dört büyük fırtına ve sele dair örnekler.

İşte Orta Doğu'yu büyük yağış ve sel felaketinin vurduğu 12 Mart 2020'nin grafiği. Dokuz ülke etkilendi: Mısır, Ürdün, İsrail, Suriye, Lübnan, Türkiye, Suudi Arabistan, Sudan, İran ve Irak. Mars o sırada 30 derece içindeydi ve aya dik açı yapıyordu. Bu, Mars'ın ay düğümüne de 30 derece içinde olduğu 1979'dan beri Mısır'ın en kötü fırtınasıydı.

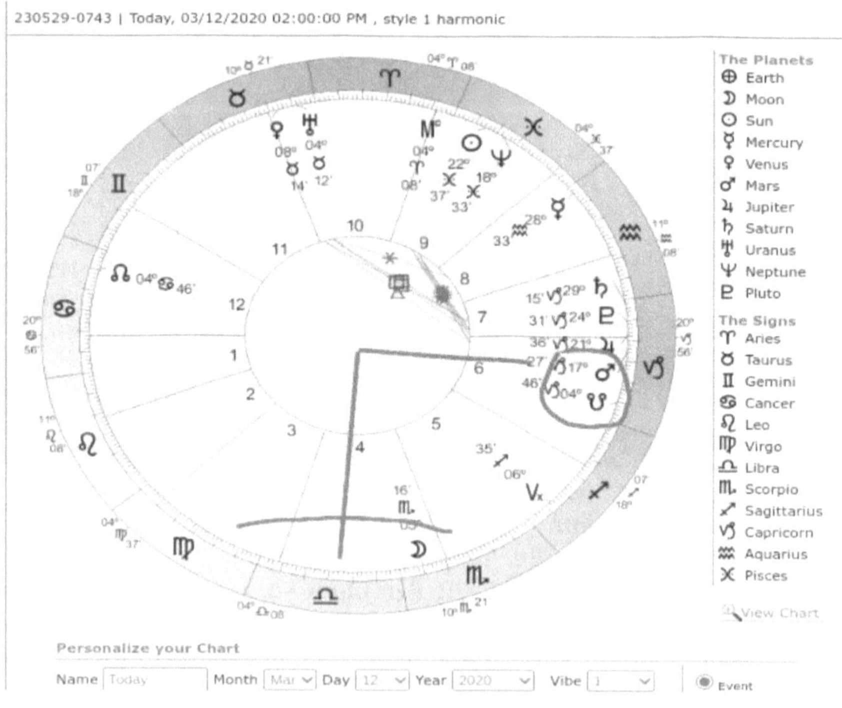

İşte Birleşik Arap Emirlikleri'nin rekor kıran yağış yaşadığı 26 Temmuz 2022'ye ait grafik.

Bir kez daha, bu günde Mars ay düğümünün 30 derece yakınındaydı ve başlangıçta ay ile neredeyse dik açı oluşturuyordu. Saatler içinde ay dik açı bölgesinde olacaktı

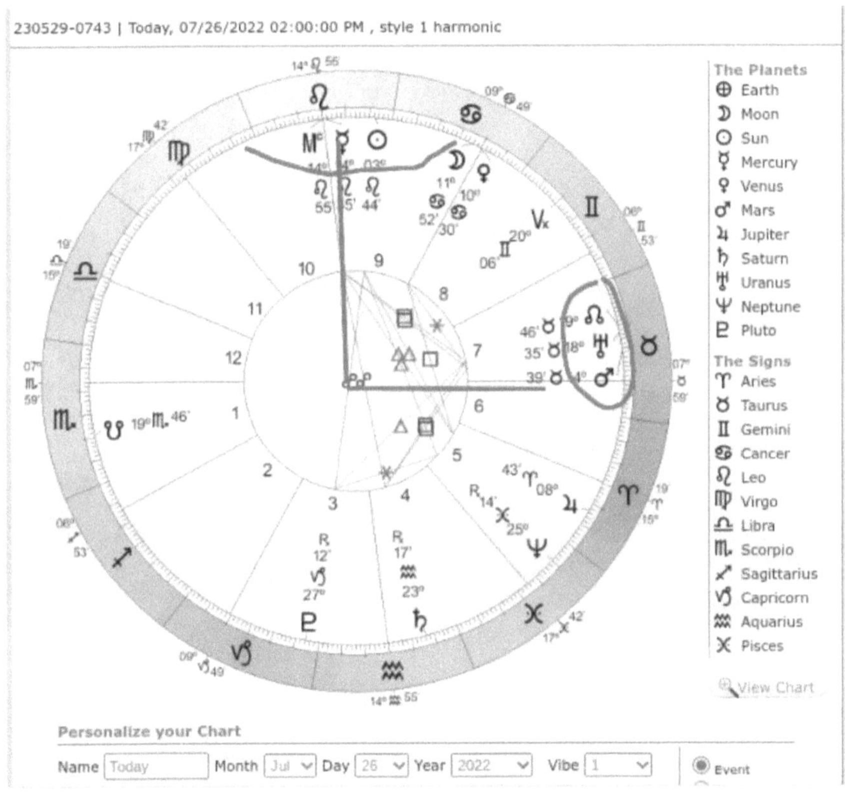

Eylül 2023'te Libya'yı vuran Fırtına Daniel'in neden olduğu 2023 Libya sel felaketinin tablosu. Bu gün, Mars ay düğümüne 30 derece mesafedeydi ve ay ile dik açı oluşturuyordu.

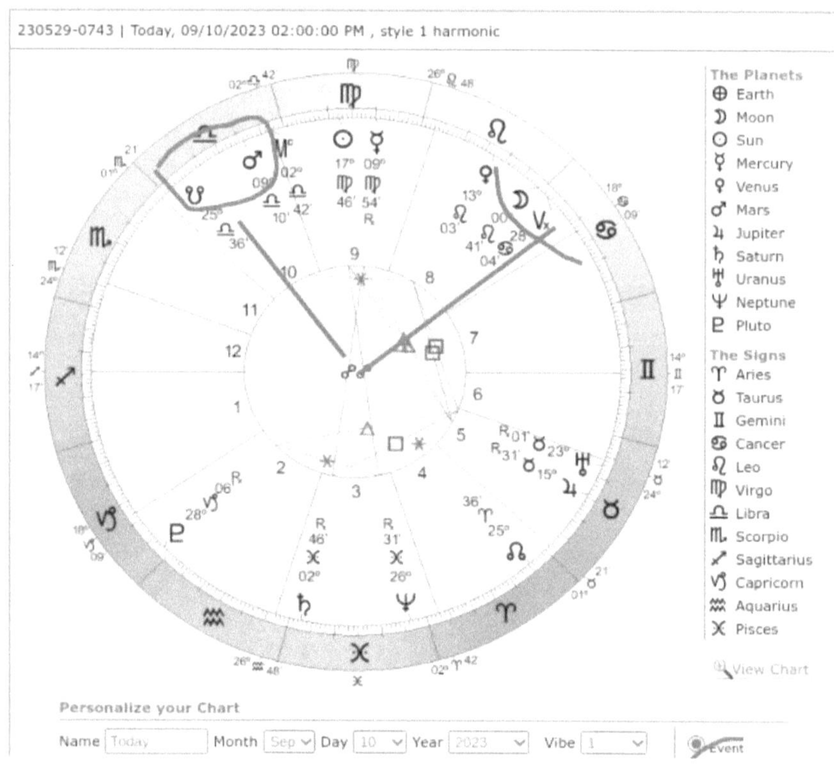

Birleşik Arap Emirlikleri'ndeki sel felaketinin Nisan 2024'teki grafiği. 14 Nisan 2024'te BAE'de şiddetli yağmurlar meydana geldi ve büyük sellere neden oldu. Birleşik Arap Emirlikleri, Umman, İran, Bahreyn, Katar, Suudi Arabistan, Yemen etkilendi. Bu, BAE için rekor kıran bir olaydı. Mars, bir kez daha ay düğümüne 30 derece mesafedeydi ve fırtına oraya ulaştığında ay ile dik açı oluşturuyordu. Bu, BAE için rekor kıran bir olaydı.

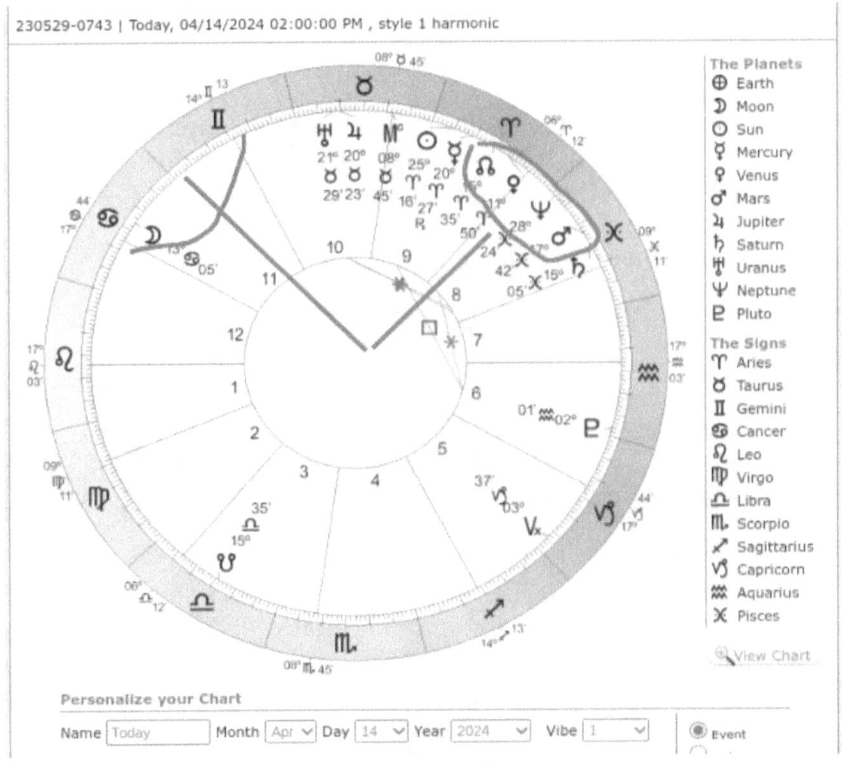

Bu veriler için toplayabildiğimiz tek ekstrapolasyon, ay düğümüne 30 derece mesafedeki Mars'ın belirli bir mevsimde ortalamanın üzerinde yağıştan sorumlu olabileceğidir. Burada, yoğun yağışı tahmin edebilecek ve böylece Orta Doğu'daki herkese acil müdahale protokolleri ve ürün büyümesi ve gelişimiyle ilgili tarımsal zamanlama konusunda yardımcı olabilecek bir sistem tasarlayabiliriz. Sulama tarımında, yağış miktarı sulama suyu miktarını ve tüketim süresini belirler. Yağışa dayalı sistemler, ürün büyümesini belirlemek için yağış zamanlamasına bakar. Bu ayrıca gübre, herbisit ve haşere kontrol uygulamalarının zamanlamasına da dönüşür. Yağış ayrıca hasat sonrası faaliyetler için hasat operasyonlarının zamanlaması için de önemlidir. Hava olaylarının tahmini, çiftlik görevlerinin planlanmasına, ekim yapılmasına veya yapılmamasına, gübre kullanılıp kullanılmayacağına, gıda tahıllarının taşınmasına ve depolanmasına ve hayvanları koruma önlemlerine yardımcı olur. Genel olarak, başarılı bir hava tahmin sistemi, tarımsal uygulamaların karar alma sürecine katkıda bulunur

Mars faktörü varsayımının, bilim insanlarının Mars'ın Dünya'nın iklimini ve okyanus gelgitlerini etkilediği hipotezini ortaya atmaya başladığı 2024 yılında doğrulandığını unutmayın.

İşte Science.org'dan bir makale

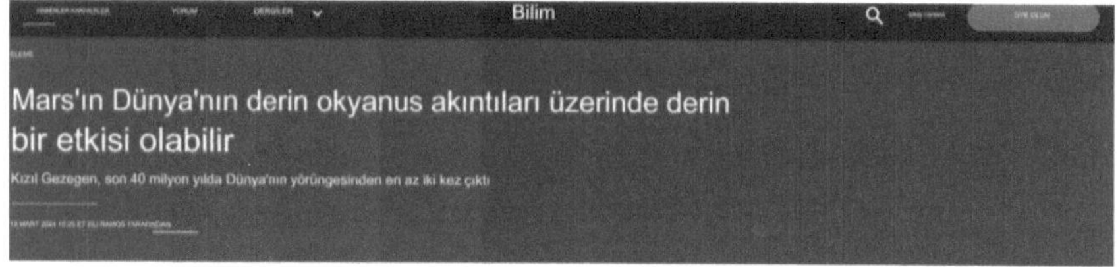

" Ay gelgitlere neden oluyor, ancak Dünya'nın suyunu etkileyen tek gök cismi o değil. Nature Communications dergisinde bu hafta yayınlanan bir araştırmaya göre Mars'ın yerçekimi gezegenimizin derin okyanus akıntılarını etkiliyor."

Diğer makaleler, Mars'ın Dünya üzerinde bir miktar etkiye sahip olması gerektiği hipotezini destekliyor. Bu bölümde, bu dinamiği, Ay'ın Dünya atmosferi üzerindeki yerçekimi kuvveti yoluyla yağış miktarı üzerinde etkisi olduğu bilimsel öncülüyle birleştirdim.

Sonraki sayfada Orta Doğu'nun yoğun yağışlara, sellere ve insan kayıplarına maruz kaldığı tarihlere dair bir örnek (kullanılan kaynaklar) bulunmaktadır. Tarihler Levant ve Orta Doğu'daki aşırı yağış olaylarının dinamiklerini inceleyen bir çalışmadan alınmıştır.

Kaynak: Orta Doğu'daki Aşırı Yağış Olayları: Aktif Kızıldeniz Havzasının Dinamikleri AJ de Vries, E. Tyrlis, D. Edry, S. o. Krishak, B. Steele, J. Lilyfeld. İlk yayın tarihi: 12 Haziran 2013 https://doi.org/10.1002/jgrd.50569

Nr.	Years and Months	Days	Sources of Motivation [a]	Societal Impact	Case Studies
1	Oct 1979	20–23	1,2	50 casualties, 66,000 people affected, and US$ 14 M damage in Egypt (flood) [b]	
2	May 1982	13			
3	Oct 1987	16–18	1,2	30 casualties in Egypt (storm on 17 Oct) and nine casualties in Jordan (flood on 16 Oct) [b]	
4	Oct 1988	16–19	1		
5	Oct 1991	12–14	1,2,3		*Greenbaum et al.* [1998]
6	Dec 1993	20–23	3	two casualties and estimated damage US$ 10 M in Israel [c]	*Ziv et al.* [2005]
7	Oct 1994	10	1,2		

Nr.	Years and Months	Days	Sources of Motivation [a]	Societal Impact	Case Studies
8	Nov 1994	2–4	1,2,3	600 casualties, 160,660 people affected, and US$ 140 M damage in Egypt (flood, 2–8 Nov) [b]	*Krichak and Alpert* [1998], *Krichak et al.* [2000]
9	Nov 1996	16–18		12 casualties and 260 people affected in Egypt (flood, 13–18 Nov) [b]	
10	Oct 1997	17–19	1,2,3	15 casualties and US$ 40 M damage in Israel (flood from 17 to 19 October), four casualties, and US$ 1 M damage in Egypt (flood, 18–20 Oct) and two casualties and US$ 1 M damage in Jordan (flood, 18–20 Oct) [b]; at least six casualties in Egypt, nine in Israel, and two in Jordan [c]	*Dayan et al.* [2001]
11	Nov 2003	23–25			
12	Oct 2004	28–29	3		*Greenbaum et al.* [2010]

The Dow's Biggest One-Day Drops

Here's where yesterday's drop of 586 points ranks among the worst drops in the Dow's history:

Date	Close	Change	Percent
9/29/2008	10,365.45	-777.68	-6.98%
10/15/2008	8,577.91	-733.08	-7.87%
9/17/2001	8,920.70	-684.81	-7.13%
12/1/2008	8,149.09	-679.95	-7.70%
10/9/2008	8,579.19	-678.92	-7.33%
8/8/2011	10,809.85	-634.76	-5.55%
4/14/2000	10,305.78	-617.78	-5.66%
8/24/2015	15,873.22	-586.53	-3.56%
10/27/1997	7,161.14	-554.26	-7.18%
8/21/2015	16,459.75	-530.94	-3.12%

Largest daily percentage losses[5]

Rank	Date	Close	Change	
			Net	%
1	1987-10-19	1,738.74	−508.00	−22.61
2	2020-03-16	20,188.52	−2,997.10	−12.93
3	1929-10-28	260.64	−38.33	−12.82
4	1929-10-29	230.07	−30.57	−11.73
5	2020-03-12	21,200.62	−2,352.60	−9.99
6	1929-11-06	232.13	−25.55	−9.92
7	1899-12-18	58.27	−5.57	−8.72
8	1932-08-12	63.11	−5.79	−8.40
9	1907-03-14	76.23	−6.89	−8.29
10	1987-10-26	1,793.93	−156.83	−8.04
11	2008-10-15	8,577.91	−733.08	−7.87
12	1933-07-21	88.71	−7.55	−7.84
13	2020-03-09	23,851.02	−2,013.76	−7.79
14	1937-10-18	125.73	−10.57	−7.75
15	2008-12-01	8,149.09	−679.95	−7.70
16	2008-10-09	8,579.19	−678.91	−7.33
17	1917-02-01	88.52	−6.91	−7.24
18	1997-10-27	7,161.14	−554.26	−7.18
19	1932-10-05	66.07	−5.09	−7.15
20	2001-09-17	8,920.70	−684.81	−7.13

2005
Source: https://www.terrorism-info.org.il/en/18892/

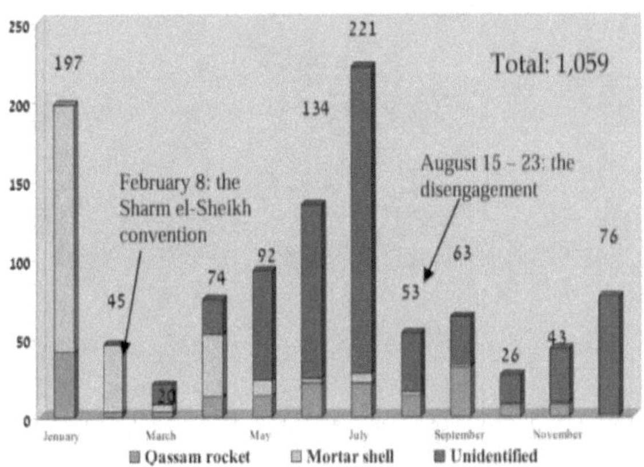

2006
Source: https://www.terrorism-info.org.il/en/18614/

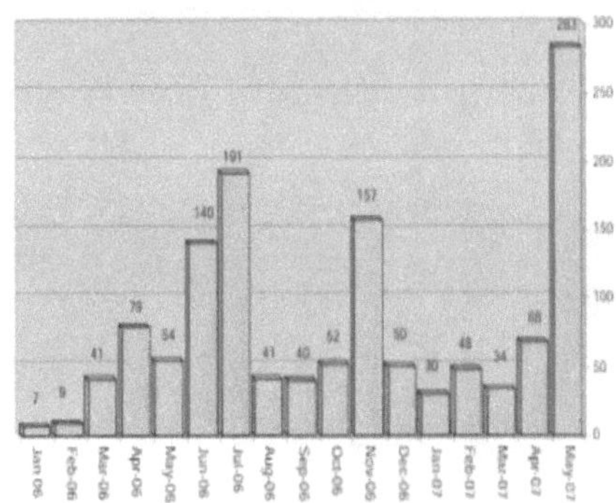

2007
Source: https://www.terrorism-info.org.il/en/18534/

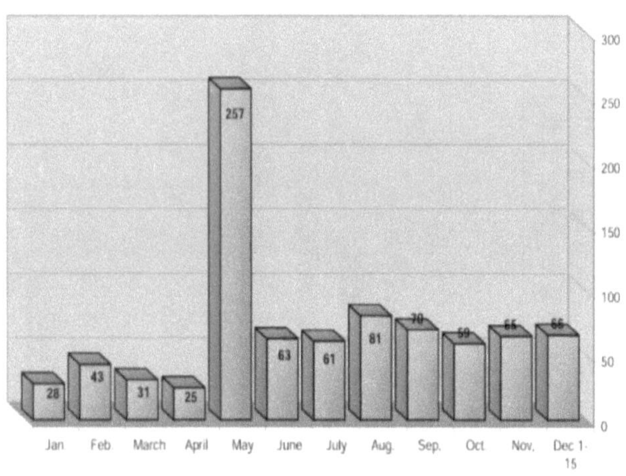

2008
Source:https://en.wikipedia.org/wiki/File:Rock_mort_gaza_2008.JPG

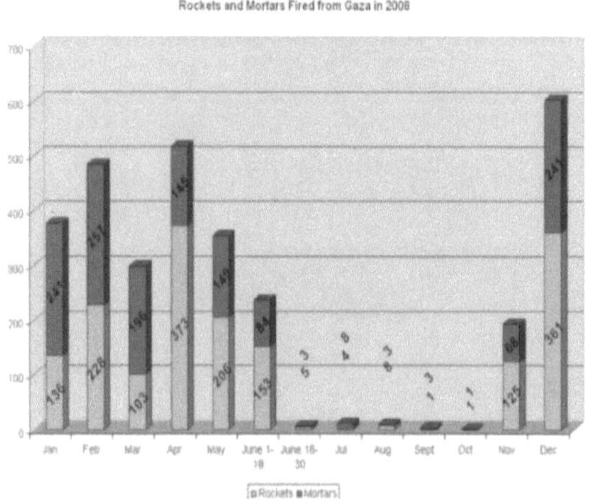

2009

Source: https://www.shabak.gov.il/reports/

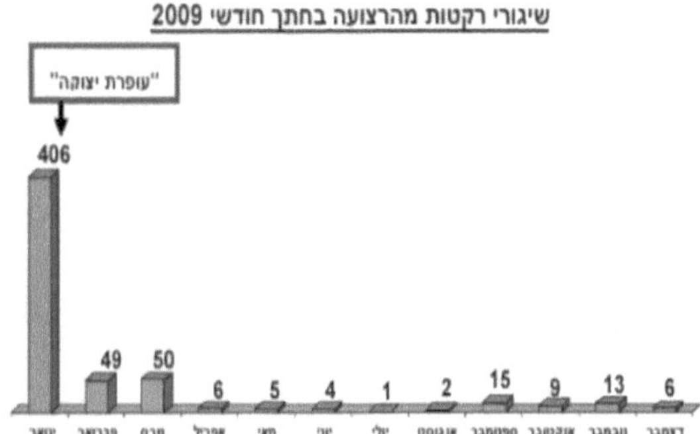

2010

Source: https://www.shabak.gov.il/reports/

שיגורי רקטות מהרצועה בחתך חודשי 2010

סה"כ: 152 שיגורים

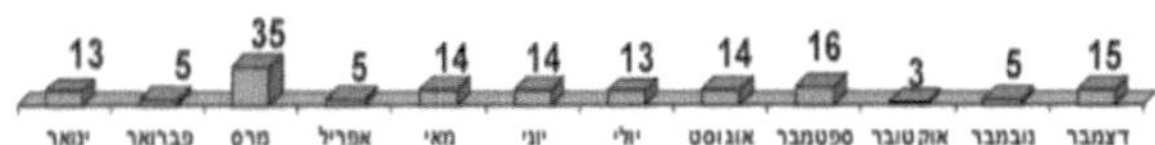

2011
Source: https://en.wikipedia.org/wiki/List_of_Palestinian_rocket_attacks_on_Israel_in_2011

Month	Missiles launched		Effect of missiles		Retaliation by Israel	
	Rockets	Mortars	Killed	Injured	Killed	Injured
January	17	26		4		
February	6	19			1	17
March	38	87		3	9	8
April	87	57	1	6	8	23
May	1					
June	4	1				
July	20	2				2
August	145	46	1	30	4	2
September	8	2				
October	52	6	1	2	12	
November	11	1		1	2	6
December	30	11			4	4
Total	419	258	3	46	40	62

2012
Source: https://en.wikipedia.org/wiki/List_of_Palestinian_rocket_attacks_on_Israel_in_2012

Month	Missiles launched		Effect of missiles		Retaliation by Israel	
	Rockets	Mortars	Killed	Injured	Killed	Injured
January	9	7				
February	36	1			1	1
March	173	19		14	26	
April	10					
May	3					
June	83	11		1		
July	18	9		1		
August	21	3		1		
September	17	8		7		
October	116	55			8	2
November	1734	83	6	45	6	51
December	1					
Total	2,221	196	6	69	41	54

2013
Source: https://en.wikipedia.org/wiki/List_of_Palestinian_rocket_attacks_on_Israel_in_2013

Month	Missiles launched		Effect of missiles		Retaliation by Israel	
	Rockets	Mortars	Killed	Injured	Killed	Injured
January						
February	1					
March	4					
April	17	5			1	
May	1	4				
June	5					
July	5	2				
August	4					
September	8					
October	3	2				
November		5				
December	4					
Total	52	18	0	0	1	0

2014
Source: https://en.wikipedia.org/wiki/List_of_Palestinian_rocket_attacks_on_Israel_in_2014

Month	Missiles launched		Effect of missiles		Retaliation by Israel	
	Rockets	Mortars	Killed	Injured	Killed	Injured
January	22	4				
February	9					
March	65	1		1	1	
April	19	5				
May	4	3				
June	62	3		6		
July	2,874	15[6]	6	34	1,122	7,800
August	950		2	19	540	1,913
Total	4,005	31	8	60	1,663	9,713

2015
Source:

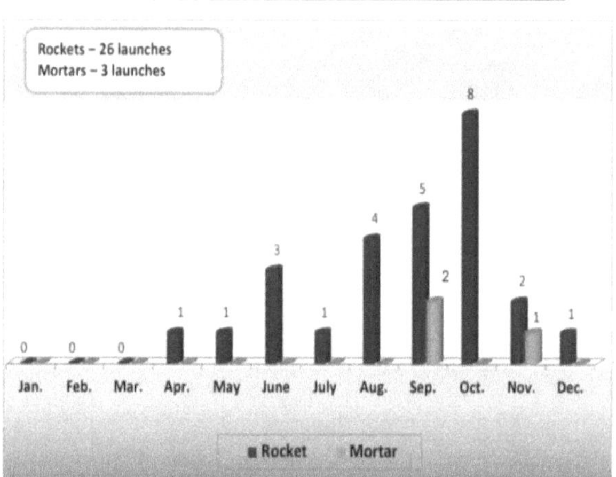

See Jewish virtual library for statistics between 2016 and 2022

https://www.jewishvirtuallibrary.org/palestinian-rocket-and-mortar-attacks-against-israel

In 2023, the data was taken from both

https://www.jewishvirtuallibrary.org/palestinian-rocket-and-mortar-attacks-against-israel

and

Wikipedia
https://en.wikipedia.org/wiki/List_of_Palestinian_rocket_attacks_on_Israel_in_2023

In 2024, the data was taken from
https://www.shabak.gov.il/reports/

and also from news sources about Iran's attack in April of 2024